U0142214

網通科技專利導論

張適宇 陳奕廷 汪岱錡 林傳維 著

Wireless Transmission
and Networks Technologies
and Their Patent Issues

五南圖書出版公司 印行

序

　　近年來，由於科技技術的蓬勃發展與日新月異，許多技術已經有了相當程度的發展，而且以現今的技術而言可能達到了顛峰，要是能夠在這些技術上達到某種突破，想必是件非常不容易的事。然而，付出大量精力、時間和金錢所研發出來的新技術，為了避免他人抄襲或盜用，則必須依賴於專利的保護。

　　現今，專利已經成為重要的學問之一，坊間也存在著許多介紹專利的書籍，但是有介紹在科技業中實際發生過的專利案件卻寥寥無幾。所以本書在架構上分為介紹專利所需之概念以及實際案例解析兩部分，目的是能讓使用者了解專利的基本知識，培養出解析專利的能力，再以無線傳輸與網路技術之實際案例輔佐讀者成長，使理論與實務並重。

　　本書具有以下特色：

1. 專利介紹的完整性：

　　將專利的所有相關事項做仔細介紹，從專利的簡介、發明權、應用、專利類型、範圍……等。讓讀者能夠運用，並循序漸進的方式了解專利這項領域。

2. 案例式學習：

　　本書在後段部分，放入進年國內外專利訴訟的案件，由筆者深入這些案件，舉出多項例子讓讀者能從中了解專利領域的攻防與重要性，能藉由這些案例的介紹，也讓讀者能夠知道有用的技術情報。

　　筆者希望能藉由此書，理論與案例並用，能讓對專利陌生的讀者，對專利這塊領域能有完整的了解，培養基本的知識及使用能力，來引導新的想法與產品的開發，讓研發人員在此過程中可進行專利檢所與迴避設計，進而產生其專利上的技術價值。最後，期望本書的出版有助於讀者建立更扎實的專利概念，在科技創意上更有競爭力。

張適宇　陳奕廷　汪岱錡　林傳維　謹識

目　錄

第一章　　　　專利簡介　　　　　　　　　　　　　　　　　　1

　一　　　專利、著作權、商業機密和商標之間的基本區別 ········ 4

　二　　　專利和著作權的憲法基礎和基本理念 ·················· 5

　　　(一)　專利·· 6

　　　(二)　著作權·· 6

　　　(三)　商業機密·· 12

　　　(四)　商標和服務標記·· 13

　　　(五)　植物專利·· 13

　　　(六)　植物品種保護法·· 14

　三　　　設計專利·· 15

　四　　　美國專利商標局·· 15

　五　　　版權局和州法院·· 20

　六　　　美國索賠法院·· 21

　七　　　國際貿易委員會·· 21

　八　　　專利、商標和著作權相關的法律···························· 22

　九　　　由非訴訟方式解決爭議的方法······························ 23

　十　　　半導體晶片保護法·· 25

　十一　　1883 年之巴黎公約 ·· 28

十二　　國際專利條約 ……………………………………… 31

十三　　專利合作條約 ……………………………………… 31

十四　　歐洲專利與歐洲專利公約 ………………………… 34

十五　　非洲地區工業產權組織 …………………………… 36

十六　　非洲智慧產權組織 ………………………………… 37

第二章　　專利性和發明權　　　　　　　　　　　　　　39

一　　專利性 ………………………………………………… 40

二　　實用性 ………………………………………………… 40

三　　可申請專利的條件 …………………………………… 42

　　（一）　新穎性和 35 U.S.C. §102 ……………………… 44

　　（二）　非顯而易知性和 35 U.S.C. §103 ……………… 50

　　（三）　重複申請專利 …………………………………… 56

四　　發明權 ………………………………………………… 56

五　　發明人證書 …………………………………………… 59

第三章　　專利的應用　　　　　　　　　　　　　　　　61

一　　公開的摘要 …………………………………………… 63

二　　規範的說明部分 ……………………………………… 64

三　　發明的書面說明 ……………………………………… 64

四　　賦予的權利 …………………………………………… 65

五　　專利編號 ……………………………………………… 68

六　　　相關專利申請的類型 ……………………………… 69

　(一)　模組 ……………………………………………… 70

　(二)　專利圖樣 ………………………………………… 70

　(三)　最佳模式 ………………………………………… 70

七　　　專利範圍 ………………………………………… 71

　(一)　專利範圍之前言 ………………………………… 72

　(二)　專利範圍之轉折詞 ……………………………… 73

　(三)　專利範圍之主體 ………………………………… 74

　(四)　專利範圍之形式 ………………………………… 74

八　　　均等論 …………………………………………… 76

九　　　宣誓及聲明 ……………………………………… 78

十　　　美國法定發明登記 ……………………………… 81

十一　　專利申請的起訴 ………………………………… 82

　(一)　要求獲得申請日 ………………………………… 82

　(二)　申請人的回應 …………………………………… 83

　(三)　審查員對申請首次實質性審查 ………………… 84

　(四)　審查的品質控制 ………………………………… 84

　(五)　審查目的的分類應用 …………………………… 84

　(六)　請求複審 ………………………………………… 85

　(七)　認可協定和複審 ………………………………… 87

　(八)　回應辦事處的動作 ……………………………… 88

　(九)　所有權的最終核駁和回應 ……………………… 89

十二　　專利申請案的價值 ……………………………… 89

十三　　衝突 ……………………………………………… 90

十四　向上訴委員會提出專利的上訴和衝突 ················· 91

十五　補貼告知 ·· 94

十六　證書的更正 ··· 94

十七　再發行 ··· 95

十八　再審查 ··· 95

十九　先行使用權 ··· 96

二十　反對案 ··· 96

二十一　現有技術的引證 ····································· 97

二十二　系爭專利之可專利性具顯著之新爭議 ··············· 98

　　(一)　複審訴訟 ·· 99

　　(二)　複審的裁定 ······································· 101

　　(三)　當決定複審或是否採取一些其他動作時相關的因素 ····· 102

二十三　商業機密和商業考量 ······························ 104

　　(一)　專利和保密 ······································· 105

　　(二)　維持機密 ··· 106

　　(三)　商業機密提供的保護 ······························ 107

　　(四)　商業上的考量 ····································· 108

二十四　記錄保持 ·· 109

二十五　公開發明 ·· 110

二十六　專利的限制開發 ···································· 111

二十七　專利的所有權 ······································ 112

二十八　激勵創新計畫 ······································ 114

第四章	檢索	115

一	檢索	116
二	檢索的理由	116
三	美國專利和商標局的檢索設施	117
四	檢索組織	118
五	政府專利政策之一般考量	118
六	聯邦科技移轉法案	121
七	介入權	123
八	聯邦商標註冊	124
九	聯邦註冊所帶來的利益	125
十	商標及服務標誌	126
十一	混淆可能性	127
十二	專有名詞的分類及其意義	128
十三	商品名稱	129
十四	商品外觀	130

第五章	無線傳輸與網路技術之專利案例	131

案例一	GPRS 導航專利訴訟之爭：微軟與 TomTom	132
案例二	手機公司 MSTG 控告 7 家手機及通信業者	156
案例三	英國電信公司（BT）v.s 亞德諾半導體（ADI）	185
案例四	瑞士通信公司（Monec Holding）v.s 惠普（HP）	217

案例五　諾基亞（Nokia）v.s 蘋果（Apple）·················232

附錄 A　　　　　　　　　　　　　　　　　　261

附錄 B　　　　　　　　　　　　　　　　　　289

附錄 C　　　　　　　　　　　　　　　　　　295

附錄 D　　　　　　　　　　　　　　　　　　309

索引　　　　　　　　　　　　　　　　　　　311

第一章

專利簡介

一、專利、著作權、商業機密和商標之間的基本區別

二、專利和著作權的憲法基礎和基本理念

　（一）專利

　（二）著作權

　（三）商業機密

　（四）商標和服務標記

　（五）植物專利

　（六）植物品種保護法

三、設計專利

四、美國專利商標局

五、版權局和州法院

六、美國索賠法院

七、國際貿易委員會

八、專利、商標和著作權相關的法律

九、由非訴訟方式解決爭議的方法

十、半導體晶片保護法

十一、1883 年之巴黎公約

十二、國際專利條約

十三、專利合作條約

十四、歐洲專利與歐洲專利公約

十五、非洲地區工業產權組織

十六、非洲智慧產權組織

自從 1980 年時，專利法的出現已經被視爲是深奧的、專業領域的法律，而且是一個不斷在報紙和各類雜誌上出現的話題。

1970 年時，有許多人是以懷疑的態度看待專利，這種消極和有害的態度是整個八〇年代轉型的原因，其中包括在 1982 年所建立的美國聯邦巡迴上訴法院（Court of Appeals for the Federal Circuit，簡稱 CAFC），此上訴法院將擁有專利案件中的所有管轄權，且必須在專利訴訟的結果提供更準確的預測，使企業家能更清楚地了解到行動可能造成的後果，而這點 CAFC 已做的相當出色。

美國專利授予外國人的比例急遽上升，而且有關於我們的貿易財政赤字也使專利意識復興。

美國的公司以每年數十億美元的金額流失到其他國家，是因爲缺乏發展能處理失竊或侵犯美國知識產權的法律，這導致專利權以及其他形式的知識產權（包括版權、商標和商業機密）成爲在國際貿易談判討論的重要議題。

在過去的幾年裡，技術的進步已造成了增加對專利的依賴。這對於新興工業爲首的生物技術產業是相當真實的。無論是電腦、機器人、基因工程、光纖、雷射、藥品或空間中哪一種技術，專利法已經在保護和幫助推動該技術的發展。在 1980 年代法律不健全時，往往會對法律加以修改或是訂定下新的法律。

專利法已達到促進創新和需求之間的平衡，而且同時防範不推動技術進步的壟斷，這是符合美國憲法的專利條款（ART I, SEC 8）。發明人得到的權利能排除他人在有限的時間內實踐該發明。美國專利資助的期間爲 17 年，在食品和藥物管理局（FDA）或在動植物健康檢驗局（APHIS）供動物藥品和獸用生物製品的藥品、醫療器械、食品添加劑或顏色添加劑

專利期限可以延長一段時間，以抵銷在美國遇到的延誤，其最大額外增加的專利有效期間為 5 年。在其他許多國家中，專利自申請應用至期滿為 20 年。

產業界早已認知到專利權保護創新的優點，而近期這些權利的重要性也受到了學術界的讚賞，許多大學都成功的提供證照規劃，以及工業與政府的聯合安排。最近專利也已經獲得了政府的重視，據此發明者可以得到部分支付給政府的使用費，而作為給發明的執照和權利，這部分稍後會討論。

發明者以印刷的方法完整公開發明的書面揭露，增加任何人對此專利中所討論的特定技術的興趣。完整書面形式的揭露必須足以使那些熟習該技術的人去製作或使用該發明。其中，揭露也必須包括被發明者認為是完成此發明最好的方法。

無論何時在專利的內容中討論到的發明，實際上它是被專利引用的所有權。專利的所有權構成了合法的定義，也就是限制保護技術的特性，專利的所有權不應該與技術效能的所有權相互混淆。該所有權會與競爭者的行為做比較，以判斷是否發生侵權的行為。

一項發明想要獲得專利的所有權，必須是有新穎性和可利用性，這部分在第四章會詳細討論。一項發明的新穎性是與「現有技術」（prior art）做比較。現有技術是對有用的技術資訊做專利性評估。現有技術的兩種最常見的類型是印刷出版品和專利，出版品和專利可以從任何國家印刷而且可以使用任何一種語言。

新穎性打敗的現有技術，以具體事項和有關的專利為前提，尋求一個簡單的現有技術項目。然而，即使在一個現有技術項目是沒有完全公開過的發明，它仍可能無法申請專利，因為發明也必須是非顯而易知的，詳細

討論在第二章。當所要申請專利（所有權）的主題和現有技術的差異性如下時，該發明是不可獲得專利性：

1. 發明的同時該內容已經被製造過。

2. 整體的主題顯而易知。

3. 該發明是給熟習該技術之人士。

也就是說，發明者所做出這種變化不能太小，如同能被所涉及的技術中的原有技巧顯而易知。如果發明是按照現有技術的邏輯做變化，那麼該發明被認定為明顯的且不能被授予專利。許多國家也有些類似的標準，例如當歐洲專利公約自 1978 年開始生效後，該發明與現有技術相比後必須出現一種「創造性」。

考慮到全球市場的重要性和科技的國際影響力，在美國、歐洲和日本這些地區的專利實踐較為突出。美國是 1883 年保護工業產權－巴黎公約和 1970 年專利合作條約（PCT）的成員國。

自 1978 年起根據歐洲專利公約，公約中的歐洲成員國可以在德國慕尼黑的歐洲專利局申請命名一個以上歐洲專利名稱。歐洲專利公約對每一個歐洲專利提供一次審查，並授予一份證書表示該發明已獲得批准。

專利制度的目的是為了鼓勵發明、促進技術進步和更有效的公開新產品和製造過程的資訊。因為產品的研究可能會產生可專利性的發明，而參與研究的人（包括研究人員和管理人員）都應該熟悉專利法和程序，以下的章節都是為了提供這些資訊。

一、專利、著作權、商業機密和商標之間的基本區別

提供開發產權法律保護的知識可分為：1. 專利、2. 著作權、3. 商業

機密、4. 商標。有關保護任何知識財產權特定類型的範圍，將取決於所考慮的特定類型。

專利保護是由專門制定的聯邦法規所提供。除非在這裡另有說明，有關所討論專利將直接用在新型專利，而不是設計專利或栽培構成絕大多數專利的實用專利。如同專利保護，著作權的保護是由專門制定的聯邦法規所提供。另一方面，商業機密的保護不是依據法定的聯邦法律，相反的它是根據傳統或判例法。但是，一些國家已經制定了具體的法規來處理商業機密的保護。商標和服務標記的權利是由使用特定商標或服務商標所創造，而不需要透過任何專門制定的法律或法規。然而，一些可以被同意的優點需根據聯邦法規通過商標的註冊。

二、專利和著作權的憲法基礎和基本理念

無論是專利法或著作權法，其背後的基本理念都是鼓勵作者和發明者公開其各自的著作和發現，這種揭露也增加了公開知識的數量。為了鼓勵這種揭露，專利法或著作權法都制定一定的權利給作者和發明者。專利法已被納入美國法典第 35 條（簡稱 35 U.S.C.），著作權法納入美國法典第 17 條（簡稱 17 U.S.C.）。

自從 1978 年 1 月 1 日，美國國會已經先佔有著作權法，因此所有自 1978 年 1 月 1 日以後創建的權利將受聯邦法律的保護。

美國憲法第 1 條第 8 節給國會制定有關專利和版權的權利或權利。尤其是第 1 條第 8 節的陳述如下：

> 國會有權以促進科學進步和實用技術，以確保作者和發明
> 者在有限的時間內能獨享他們的著作權和發明的權利。

(一) 專利

　　美國專利實際上是一個發明者和人民對美國政府之間所代表的合約，具體是由美國專利商標局（USPTO）賦予權利給發明者，並防止他人的使用或銷售，這些是包括在該專利的權利要求內。這種權利意義實際上是消極權利，除了防止他人在有限的一段時間內製造、使用或銷售該發明，並不給予專利權所有人做任何事情的權利。美國專利的期限自發行之日起為期 17 年，然而關於涉及藥物或任何醫療設備、食品添加劑或色素添加劑的專利規章，根據美國 1938 年食品、藥品和化妝品法以及美國 1913 年病毒血清及毒素法有關的獸用生物產品，它有可能延長這部分的專利期限，最高可達 5 年，其中這期間是在審查批准使用的藥物、醫療器械、食品添加劑、色素添加劑或生物產品的商業營銷之前，因為食品和藥品管理法或動植物健康檢查服務的延誤所造成。

　　如在任何合約中，每一個得到了一些東西價值的人，就必須放棄另一些東西的價值作為代價，交換的權利是由政府所制定的，發明者須提供一個發明的揭露。發明者的「考量」或「代價」是放棄合約關係的一部分。發明的揭露是提供專利「內容」（issues）（即由政府授予）給公眾。此發明者揭露的發明必須是一個完整發明的描述。

　　一般專利針對的主題都被認為是有用的科技或技術，尤其是被授予專利權的發明是勝於前方法的改進者。

(二) 著作權

　　著作權又稱「版權」，著作權條例是在 1976 年時編入 17 U.S.C.，為作者提供保護原創作品的署名權。版權保護不涉及基本構想，只針對以特定方式表達的想法。著作權對美國經濟和它商業上的平衡來說，已經是相當重要的議題。

版權局管轄版權的登記。一般來說，版權的期限是作者的生命加五十年。對於匿名的作品或作者不只一個人，版權期限是一百年或從創作算起後七十五年，其中以較短者爲準。

美國是世界最大版權工作的輸出國，其中包括書籍、電影和電腦軟體。在 1988 年時報告顯示，版權工作有高達$1.5 億元的商業盈餘。

17 U.S.C.中的版權法規對有形物體之表達媒介提供了著作工作的保護，「有形物體之表達媒介」（tangible medium of expression）被認爲是任何能直接被機器或裝置感知、複製、或其他溝通的媒介，電腦程式就包括在這種定義中。版權法規所定義的「電腦程式（Computer program）」是作爲在一組電腦上，爲了得到某些結果而直接或間接使用的陳述或操作指南 [17 U.S.C. §101]。以下是包含在著作工作的版權保護中的分類 [17 U.S.C. §102(a)]：

1. 文學作品。
2. 繪畫作品。
3. 建築作品。
4. 電影及其他音像作品。
5. 舞蹈作品。
6. 音樂作品，包括任何伴奏。
7. 戲劇作品，包括任何奏樂。
8. 雕塑作品。

版權所保護的範圍沒有涵蓋到基本思想，但有保護到表達這種想法的特定方法。如同國家的版權法規，原創作品署名權的版權保護沒有涵蓋到「任何想法、程序、過程、系統、操作方法、概念、原則，或不論以何種型式描述、解釋、插圖的發現，或者這種原創作品署名權的具體表達」

（規定於 17 U.S.C. §102(b)）。書面說明的版權只能防止某人以相同於版權的方法來描述，而不會防止該過程被實踐。此外版權不會防止某人使用不同的書面表達方式來描述過程，換言之。一個新過程的專利保護將避免其他人實踐該過程，但不能避免其複製專利中的描述過程。

受到某些版權法規中的免稅和限制聲明，版權所有人能行使專有權（規定於 17 U.S.C. §106）和對下列幾點授權：

1. 由銷售或其他方式轉讓所有權，或者由出租、租賃、借貸等方法，將有版權的複製品或唱片分配給大眾。

2. 公開展示有版權的作品，包括文學、音樂、戲劇、舞蹈作品，和啞劇、圖案、圖形、雕塑作品及電影和其他音像作品的個別片段。

3. 執行版權作品的公開，包括文學、音樂、戲劇、舞蹈作品，和啞劇、電影及其他音像作品。

4. 基於版權作品的衍生作品製作。

5. 重現有版權的複製品或唱片。

版權所賦予的專有權，其使用的特定範圍被稱為「合理使用（fair use）」，版權作品的合理使用不會被認為是侵犯和含有下列的複製品，像是批評、意見、新聞報導、教學、獎學金或研究。為了判斷作品的使用是否是在合理使用的範圍內，需要根據下列因素[17 U.S.C. §107]：

1. 使用的目的和特徵，包括這種使用是否有商業性質或非營利的教育性質。

2. 該使用對潛在市場或版權作品的價值所造成的影響。

3. 使用有關版權作品的數量和實體部分作為一個作品。

版權所有人之專有權的一些其他限制都描述在 17 U.S.C. §108 到 §117 中闡明，某些圖書館或檔案館是包含在 §108 內。根據 17 U.S.C. §117 表示，電腦程式複製品的所有人做出或授權另一個所製作的複製品或改寫的電腦程式，這樣做不會造成侵權，因為新的複製品或改寫是創造電腦程式的必要步驟，在結合機器和使用已經沒有其他方法。

註冊著作版權的業務是由版權局辦理。自 1978 年 1 月 1 日開始，著作版權已完全歸屬於聯邦法律管轄。也是從那個時候開始一般的法律或是州法所規定的相關權利都不得逾越著作權。聯邦的著作權法延伸至出版品與非出版品。在 1978 年以前，非出版品的著作權法是屬於州法而非聯邦法。然而，錄音檔案在 1972 年 2 月 15 日（當聯邦法首次將聲音記錄涵蓋在著作權法內）之前仍隸屬於一般的法律或是州法的管轄範圍。這樣的規範是為了保護再度出現錄音檔案的剽竊行為。

1989 年 3 月 1 日前，出版品為了獲得著作權保護，必須在頁面加印著作權聲明。該聲明是由以下內容組成：

1. 標誌：必須在名稱後加上版權符號「©」，或是縮寫「Copr.」。
2. 著作權的擁有者。
3. 初版的年份。

關於聲音紀錄的聲明則包括（17 U.S.C. 402）：

1. 標誌：一個用圓圈包圍的字母 P。
2. 著作權的擁有者。
3. 初版的年份。

著作權聲明只需要印在出版品上，非出版品則不用。

在 1978 年 1 月 1 日以前，出版品上面若是沒有加印著作權聲明的都

沒有辦法受到著作權保護。而 1978 年 1 月 1 日後出現的著作權法便加以修正這項錯誤。特別的是，根據 17 U.S.C. 402 的規範，在 1978 年 1 月 1 日至 1989 年 3 月 1 日期間出版的出版品，若是遺漏了著作權聲明，那麼具有以下的情況者將不會被判定違反著作權保護法：

1. 出版品中只有一小部分的疏忽是因為複印時，漏掉了著作權聲明的部分，因為複印的疏忽露要了一部分或是所有的著作權聲明。

2. 漏印著作權聲明違反了當初與擁有著作權者達成的書面協議。

3. 出版時未印上著作權聲明，而是在出版品前後五年內才註冊著作權，並且在發現後努力將遺漏的著作權聲明補在已公開的出版品上。

從 1989 年 3 月 1 日後，有鑑於美國通過的伯恩公約（保護文學暨藝術作品伯恩公約）與 1998 年通過的「伯恩公約執行法案」，著作權聲明不需要印在出版品上即可生效。但是如果覺得需要，出版品仍舊可以印上著作權聲明。使用著作權聲明的好處是當遇到了著作權侵權案時，對於「無罪的侵害著作權」的辯護以緩和罪刑將可以說服法庭不接受次辯護內容。此外，藉著在出版品上印上著作權聲明可以將出版品的著作權延伸至美國以外的世界著作權公約之會員國。

根據新法規定，對於一個來自美國的著作，取得著作權保護只需要向版權局提出申請就可以了。對於非美國的著作則無需提出申請。而這項申請包括出版品與非出版品。註冊過程需要完整填寫一份由版權局提供的著作權申請表格，20 美金的申請政府核證費用，以及兩份已完整編輯的公開販售出版品（或是一份的非出版品複印資料）。只要著作權確實存在，那麼隨時可以提出申請。

既然電腦程式可能會包含營業秘密，版權局亦針對此種電腦程式規劃

一套特殊的申請流程。尤其是有關要求著作權申請人提供複印版一事，作了些微的修訂。著作權擁有者被允許交付下列任何一種資料：

1. 開頭與結尾 25 頁的原著作內容，可以有部分內容被覆蓋住。
2. 若是該程式的程式碼少於 25 頁，那麼可以將原始的檔案覆蓋或保留至多 50% 不公開，其餘的用來證明自己擁有足夠的著作權。
3. 開頭與結尾 25 頁的程式碼，以及任意 10 頁完整的程式碼。
4. 開頭與結尾至少 10 頁完整內容。

雖然並非命令，不過在第一次出版後三個月內或是遇到剽竊之前就已經獲得著作權，那麼遇到著作權訴訟時會有許多好處。例如贏得訴訟的一方可以取得對方的罰金以及法令上的損害賠償，而非實際的損傷或是侵權者所得到的利潤。法令的損害賠償從五百美元到兩萬美元不等，依法院判決而定。若侵權行為被認定是故意的，那麼法令的損害賠償可能會增加到十萬美元以上。同樣的，若侵權的行為屬無心之過，而當事人又能提出證據說服法院並非故意侵權，那麼法院可斟酌減輕法令的罰則至兩佰美元。法令的損害賠償在著作權侵權案往往是比較重要的一環，這是因為著作權通常難以判斷實際的損害或是剽竊者獲得的利益。糾正的方式包括回收剽竊的作品、扣押甚至摧毀複製所需的設備或是工具。

更進一步地，著作權的紀錄將會提供給美國海關總署，用來攔阻侵權的行為入境。

對於侵犯版權的存在，被告侵權人有必要獲得該作品之版權。

一般說來，對於個人的創作，其著作權可以維持到作者去世後五十年為止。而對於無名氏的著作或是團體（例如組織或企業）的創作，其著作權可以從註冊後開始保留七十五年或是從開始創作起一百年，比起個人來說都比較短。

　　美國堅持實施伯恩公約，進而加強了一部分的美國貿易政策，也保護了創作者免於在國外受到盜版侵權行為。例如，根據議會作的調查，在立法之前來自只有 10 個國家的盜版行為就能讓美國的貿易一年損失 13 億美元。藉著堅持實施伯恩公約，美國與其他 24 個國家取得了專利權關係。部分國家例如埃及、泰國、土耳其等都是長久以來被報導盜用生產未授權的美國商品。後來美國加入 UCC 以後，美國幾乎與世界上所有的國家締結承認雙邊的專利權。

　　從版權局的紀錄檢索著作權可能是來自於你的對手，或是提供商品的公司。著作權與擁有權的資料可以由 Thomson 與 Thomson 的著作權研究團體查詢。

(三) 商業機密

　　有關商業機密的定義如下：為了超過競爭對手，商業機密可以由任何公式、模式、設備或資料彙總，在對手不知情的狀況下使用在自己公司上的優勢，且該商業機密的內容必須要足夠的保密，使其競爭對手幾乎無法正常取得。

　　該商業機密的主題必須是新的，現有的知識和商業機密之間的差異在於對專利的要求不同。受到商業機密保護的訊息，包括該相關技術以及其他像是商業機密和金融資訊的訊息。另一方面，專利只在乎其中專利技術。

　　關於保護商業機密的法律不是聯邦法律，而是根據先前案例和長時間累積下來的法律。然而，一些政府已制定了具體的商業機密法。為了使資訊被認為是商業機密，它在一定程度上必須是新穎的，且必須給所有人一些實際的或潛在的經濟價值，因為商業機密被認為是財產，它們可以出售或以其他方式轉讓。

(四) 商標和服務標記

「商標」是指一個詞、名稱、符號、圖案、或任何組合，且用於製造商或供應商製造的產品上。「服務商標」是類似於商標，只不過它是用來區分所執行服務，尤其是從競爭者方建立的服務商標。商標和服務商標是為了確保人民購買的商品與服務是哪些來源，並且區分商品與服務。

商標和服務標記的權利是從使用標誌時創造，為了加強合法的權利，可在聯邦或國家註冊商標。在聯邦註冊商標或服務標記之後，可在商標或服務標記的名稱後標上「Reg. U.S. Pat.And Trad. Off.」或「註冊於美國專利和商標局」。美國專利商標局有責任監督聯邦註冊的商標和服務商標，1946 年的聯邦商標法，修正版為 1988 年的聯邦商標法，美國憲法第三項（即商業條款）中規定：國會有權利規範與外國、各州之間和印地安部落之間的商業貿易。

(五) 植物專利

另一種特殊類別的專利法是植物專利。植物專利是由 1954 年時的植物專利法（Plant Patent Act）所制定的。植物專利法的基本宗旨是盡可能提供農業如業界一樣，獲得多項專利和專利所賦予利益的同等機會。法規（35 U.S.C. §161）規定如下：

當有人發明或發現和任何獨特無性繁殖的植物新品種，包括栽培、突變、混種以及種植新發現的苗木，而不是在未栽培狀態發現了塊莖繁殖的植物，因此可能獲得專利。

換句話說，植物專利所關心的這些植物是可以無性繁殖和未塊莖繁殖的，或植物中發現了從無性繁殖以排除其他工廠銷售或使用的植物，如果它是無性繁殖。

在大多數情況下，實用專利法的規範是適用於植物專利，只要所有實

用新型專利的法律條件可以得到滿足，它也可能獲得實用新型專利的植物、種子或植物的部分。

印刷彩色植物專利的副本，可從美國專利商標局以 $ 10.00 買到。

(六) 植物品種保護法

為了得到植物品種保護法的保護，有性繁殖的植物必須是一種新的植物品種。（「有性繁殖」是指任一品種生產的種子）。另外，它必須不同於其他真菌、細菌或第一代混種。生產有性生殖的植物不包括在植物專利法保護範圍內，但是包括在 1970 年 12 月 24 日的植物品種保護法裡（7 U.S.C. §2321, et seq.）。保護植物新品種的管理工作由農業部植物新品種保護局負責。

侵犯到法規的第 111 條中所定義的植物品種保護法，在美國沒有權利從新穎品種的擁有者執行任何下列行為：

1. 從美國出口的新品種。

2. 進口到美國的新品種。

3. 分配新型品種給另一個可以傳播的形式，不另行通知以作為對品種的保護。

4. 使用新品種生產（有別於發展中國家）或由此混合不同品種。

5. 使用已被標記為「禁止未經授權的傳播」或「禁止未經批准的種子繁殖」的種子或後代各種新型傳播。

6. 提供新穎品種的銷售、或公開出售、或轉讓所有權，或佔有的新型品種。

7. 即使在實例中執行任何上述行為，除了依據有效的美國植物專利之外，新穎品種是以有性繁殖以外的方法繁殖。

為了使公眾得到保護的通知，擁有者在提出申請後，可以在新品種的

種子或新穎品種貼上「禁止未經授權的傳播」或「禁止未經批准的種子繁殖」的標籤在容器上。在發行證書後，標籤應額外加上「美國保護品種」的項目，且證書的有效日期是自從發行日起爲期 18 年。

根據權利制定的限制，農業部部長可以宣布開放保護品種的使用，應該給予擁有者公平的報酬，以確保美國的供應商是否能夠以公平的價格，供應充足的纖維、食品或食品給需要的市民。

三、設計專利

雖然大部分在這本書所討論的專利，因爲它們構成了專利迄今爲止最大的群體，而被直接稱爲實用新型專利，但也應該意識到外觀設計專利的存在。此外，外觀設計專利和實用新型專利有所不同。

外觀設計專利除了只是針對觀賞方面的發明之外，絕大部分都和實用新型專利一樣受到相同的法律和法規。換句話說，外觀設計專利提供發明整體視覺外觀發明的保護。然而在大多數情況下，申請實用新型專利的條件還必須符合外觀設計專利的可專利性。其中這兩者之中的一個主要區別，是由於外觀設計專利只涉及觀賞或視覺印象的發明，該發明不需要被實用。換句話說，可專利性的實用新型專利是要求該發明是實用的。

外觀設計專利自發行之日起的期限爲 14 年。

四、美國專利商標局

美國專利商標局（USPTO）是一個在美國商務部內的政府機構，其責任爲審查專利申請，並且決定是否授予專利，以及決定是否准許聯邦註冊的商標和服務標記。對於裁定是否有侵犯專利、商標或服務標記，以及對於管轄範圍外的專利，美國專利商標局都不具有管轄權，不能對專利作

出有效或無效性的決定。然而，聯邦註冊的商標可以由美國專利商標局取消。

　　美國專利商標局僱用超過兩千位高學歷，且專攻工程學或科學的人擔任專利審查員來審查專利申請。審查員獨立進行調查發明申請表中的陳述，然後作出決定，且說明和聲稱發明值得給予專利。

　　美國專利商標局的領導人被稱為「理事」。以不違反法律為前提，理事有權利發佈法規和規範來管理專利和商標法。此外，在美國專利商標局前，理事有權制定政府核准的規則和專利申請人的管理。為了確認專利代理人或專利律師，指導和協助申請執行和其他事務，必須遵守一定的規則和條例。

　　對於一項申請，審查員可允許或拒絕發放專利的許可證，申請人有機會在某一法律程序的特定階段，提起上訴，從審查員的決定向美國專利商標局的董事會提出專利複審。董事會由資深的審查員（審查員總司令）組成，案件上訴到董事會，則是由一個三人小組審查。

　　如果委員會的決定是不利於專利申請人，申請人可以向美國上訴法院或聯邦上訴巡迴法院（CAFC）或美國哥倫比亞特區的地區法院上訴。

　　敗訴方由美國聯邦上訴巡迴法院，再以一份移審的請願書形式向美國最高法院提出申請，對象為專利申請人或是美國專利商標局。

　　另一方面，由敗訴方上訴美國哥倫比亞特區地區法院，首先交給聯邦上訴巡迴法院，然後再以一份移審的請願書形式移審到美國最高法院。

　　最高法院沒有給予移審批准，就不必重審此案。事實上，只有極少數狀況是有關專利、商標或版權移送到最高法院的。

　　針對侵權，為了實施專利的權利，民事訴訟可在美國地方法院審理。

　　下列行為被認為構成侵權：

1. 在美國未經授權製作、使用、出售專利發明。

2. 在美國主動引誘他人侵犯（也就是未經專利持有人的授權而製造、使用、銷售其專利發明）。

主動引誘為鼓勵他人侵犯，包括故意或者明知故犯，有別於意外或無意造成。其行為包含叫唆、指揮或教學他人侵犯。

3. 在美國出售部分材料的專利發明或材料或儀器的使用方法、或需特製某部分材料、或侵權改編使用該專利。假如該材料的一部分不是主要的物品或商業的商品，則不屬於侵權用途。

以上提到的行為中，第三點通常被稱為「共同侵權」

構成共同侵權必須滿足以下條件：

(1) 對使用者侵權的項目必須知道是特別的製造。

(2) 販賣的項目必須是重要的或專利發明的部分材料。

(3) 對侵權使用者來說，該項目不得為大眾物品或適合商業的商品。

能依靠共同侵權或誘導侵權達到有益的目的，因為它通常在商業競爭對手之間起訴而不是在單一客戶之間起訴。同時更實用於起訴製造商或供應商，在數量上遠優於個別侵權。

4. 在美國未經授權供應至少一大部分的專利組件，這些組件在未結合的狀態下，誘導其在美國境外組合，合併之後侵犯專利。

5. 從美國未經授權提供任何專利發明的組成物件：

(1) 特別作出或特別適合用於製造使用該專利的發明。

(2) 不是主要項目或商業商品，適合對大量的合法使用。

(3) 明知這個未組合的成分是以下兩類：

　　① 特別製造或特別適合用於製造使用該專利的發明。

② 在美國組合會構成侵權，而運往美國以外再組合的方式。

文中 4. 和 5. 提到的侵權行為，是為了防止有人在這個國家提供發明的主要物件，讓他們在美國以外的地方組合起來。這些規範的產生是因為以往有人將機器的主要元件收集後，送往美國以外的地區組合，而法院裁定這種行為並沒有侵犯該機器的專利，因為機器是以組合後的狀態去申請專利。

1989 年 2 月 23 日之後，進口到美國、或者在美國使用或銷售一項該程序產生的產品，且該產品在美國已經擁有專利，無論該程序是在哪執行，這種行為已構成了侵權，此外一些國家在他們的法律上也有了類似的做法。然而，關於非商業的用途或零售，這項法律僅適用在沒有其他補救措施存在的侵權行為。當經由專利程序所產生的產品已經藉由後續加工，而有了實質上的改變，或者僅移除掉不重要的元件，在這種法律下將不被視為侵權。如果額外的處理不會改變產品的物理或化學特性，則不算是實質上的改變。

1990 年 11 月 19 日時制定的一條法律（35 U.S.C.105），為了確保美國的專利法適用於發明製造、使用、或在美國的管轄區內出售，這條法規使得某些在管轄範圍內的行為將得到同等的專利保護。

根據聯邦法律所規定的製造、使用或藥品的販售（35 U.S.C.271 (e)），排除其銷售給使用者的侵權行為是合理的為了資訊的發展和提交。如前所述，由食品及藥物管理局或美國動植物檢疫局批准商業銷售或使用的藥物、醫療器械、食品添加劑、色素添加劑或獸醫生物製品，此特例是結合法律中制定的規定，使人們可能延長專利的任期多增加五年，收回因延誤所造成的時間損失。同樣地，根據判例法所排除的侵權行為，如實驗與發明專利，它也必須不能擁有商業實驗性質。

專利侵權訴訟，可以是金錢賠償或申請禁制令、或兩者兼有，來阻止被告擅自開採發明。目前，金錢賠償在許多情況下十分可觀，並且對於侵權行為開始有激冷的效應，事實上已有報告顯示，侵權人發現自己因為付出賠償金而破產，法院要足以彌補專利權人獲得足夠的賠償，對侵權的最低金額是合理的使用費。為達一個合理的使用費，以下因素可以考慮：

1. 發明目的達到成功的程度。

2. 是否存在任何能替代且沒有侵權的專利發明。

3. 許可人和獲許可人各自進行和解談判。（然而，事實已經發生的侵權行為，不應被排除在外；因此，金額應該要比談判訴訟之前更高）。

4. 發明專利的能力所帶來銷售的其他產品。

5. 侵權發生時所產生的侵權利潤預測。

6. 因為發明帶來該部分的利潤。

7. 已建立的專利使用費率。

另一種方法，有時也可以用來計算賠償利潤的方法。前提是專利所有人必須說明哪些行為造成侵權，並且開出一個價碼。為了確定這一點，專利權人必須證明以下幾點：

1. 該專利目前不存在任何可以接受的合法替代品。

2. 該專利所有人能夠滿足生產和銷售產品的需求。

3. 專利所有人可以由銷售該產品獲得實際利潤。

實際的計算利潤損失，包括涉及銷售的價格減去銷售該產品的相關成本。售價獲取利潤損失的數目，此固定花費是不必被減去的。利潤的損失有時也稱為邊際貢獻。包括賠償的金額通常會預先判定利息。最近在某些

情況下預判利息的案件，已經在此基礎上做一計算，最優惠利率加每日複利的百分之一。作爲替代方案，設計專利的侵權賠償，可以是侵權人的利潤總額，需至少是 250 元。

在故意侵權的事件，法庭或陪審團評估判賠的價碼可以是侵權人的律師費和增加損失最高金額的三倍，這增加賠償是法院的自由裁量權，並且可以增加的金額最高可達三倍。事實上，法院可以明知故意侵權卻又決定不增加判決賠償，爲了避免此情況發生，專利所有人必須要有證明故意侵權的責任，要有證據判定侵權者沒有權利做這樣的行爲。

爲了避免故意侵權的支撐點，被控侵權人應從律師那取得有法定資格的意見，該專利無效和／或沒有侵權。該意見的基礎必須是充分的事實和研究，這樣，一個合理的商人可以依靠他們意見採取行動。

在特殊情況下，無論是專利所有人或被告方，法庭還可以裁決合理的律師費和訴訟費用給勝訴的一方。特殊情況下是指其中一方在無理取鬧的方式下起訴案件。

如前所述，專利訴訟的敗訴方可以上訴至裁決的法院，向聯邦地區的聯邦巡迴法院（CAFC）上訴，而且，在這個法庭的敗訴方，可以請求美國最高法院以一份請願書的形式移審。

此外，當有人合理的擔心可能被起訴侵犯專利，當事人可以起訴專利所有人，以建立合法的專利，和／或有用專利無效宣告的方式宣告判決。宣告判決的行爲，如專利侵權訴訟，在美國地區法院首次引進。

五、版權局和州法院

版權局管理著作權法的責任，包括決定作品是否屬於著作權保護的物品，或著作權的使用是否符合必要的形式要求。此外版權局已經根據

1984 年半導體晶片保護法登記了管轄權。版權局的負責人被稱爲「登記人」。對於決定版權是否受到侵犯或者版權登記的有效性或無效性，版權局不具有管轄權。

州法院是位於各州的法庭，處理各州有關專利的所有權、著作權、商標、或任何涉及這些的合約。然而訴訟也可能涉及雙方是不同州的情況，對於這種訴訟的訴訟費至少 5 萬元起。

六、美國索賠法院

美國政府如果有進行或實施專利侵權的行爲，可能會遭到在美國索賠法院（US Claims Court）的起訴，這種訴訟只能以金錢的形式賠償。美國索賠法院是對於此類訴訟唯一的途徑。在此訴訟的敗訴方可以向聯邦上訴巡迴法院再提起上訴，也可以請求美國最高法院以請願書的形式發布移審令。

七、國際貿易委員會

有關進口貨物到美國的不公平貿易行爲，美國國際貿易委員會（ITC）擁有司法管轄權和判斷有效性或侵犯專利權的責任。爲了根據美國國際貿易委員會的管轄權，在這種不公平的方法和行爲中，必須能受若干例外情況影響，導致經濟成長中的美國將造成重大的影響；在美國的產業必須防止其建立這種不公平的方法和行爲，或者必須抑制或壟斷其商業貿易，但是關於專利、著作權登記、註冊商標，對於國內產業的存在是必要的。基於其他行爲，如商業機密、未註冊商標、虛假廣告，以及反壟斷訴訟，都需要證明上述條件，就如損害一個行業，對於美國國際貿易委員會有的管轄權，建立這樣的產業損害是沒有必要的。

國際貿易委員會（ITC）可採補救措施，包括沒收貨物和阻止其進口到美國。然而在美國國際貿易委員會提請訴訟案的金錢賠償或補償是無用的。美國國際貿易委員會作出的決定是由美國總統批准、反對、或修改。美國國際貿易委員會上訴關於有效性和侵權的調查結果將帶到聯邦上訴巡迴法院，在這個法庭的敗訴方，可以請求美國最高法院以請願書的形式發布移審令。

八、專利、商標和著作權相關的法律

由美國國會特地為專利所制定的法律，可以在 35 U.S.C. 找到。先前在 1954 年時，以過去的法規重新編修過，成為了此時的專利法規。法律已經修訂在若干重要領域中，此專利法規已生效。

美國國會為著作權所制定的法律，可以在 17 U.S.C.中找到。現今關於著作權的法規是從以前的法規全文重新編寫而來，並且在 1978 年 1月 1 日開始生效。

美國國會為商標法和服務標記的法律，可以在 15 U.S.C. 中找到。現今的商標法頒布於 1945 年並根據 1988 年商標修正法修正，並稱為蘭哈姆法（Lanham Act）。

美國專利商標局的規定，涉及到專利和商標法可在聯邦法規 37 篇中找到（37 CFR）。著作權登記冊有權頒布法規，只要它們符合著作權法，而這些法規也能在 37 CFR 中找到。

政府印刷局是一個出版專利審查程序手冊的機構（通常稱為MPEP）。本刊物是引導美國專利和商標局對法律的解釋、規則和判例法，以及如何申請專利。同樣，政府印刷局制定了商標審查程序手冊（通常稱為 TMEP）是當有人有商標裁決和申請服務商標上的問題時，指導商

標審查員如何使用法律、法規和判例法。

　　政府印刷局提供另一個重要的出版物，美國專利和商標局的官方公報，被稱爲 OG。每星期公佈兩個單獨的章節。第一個是專利，另一種是商標和服務商標章節。OG 的專利條規，包括簡短的描述每一周內出版的授予專利，那星期索引專利所有人和受讓人的名稱，聲明規則的改變，和各種其他事項方面的專利利益。OG 的商標章節，包括感興趣的商標信息和服務商標事宜，包括在這一周，那些商標註冊問題，以及那些認定爲可註冊的未註冊商標，以便使利害關係人反對機會或反對授予登記。反對派註冊的商標必須向美國專利商標局在 OG 出版後 39 天內提出申請。

　　自 1929 年以來，在專利、商標和著作權案件中公開的決定已在美國專利季刊中報導，且該季刊被稱爲 USPQ。這是由華盛頓特區的國家事務局出版的，其中該局還出版了專利、商標和版權期刊的週報，後者包括現今的專利、商標和版權的發展。

九、由非訴訟方式解決爭議的方法

　　在過去的幾年裡，除了透過傳統的訴訟，還透過在聯邦法院系統的程序解決了許多專利的糾紛。這些替代程序被稱爲「替代性糾紛解決」（ADR），其替代的原因包括訴訟的成本不斷增加、耗時冗長，以及在訴訟過程中，所需要時間和參與的工作人員越來越多，如技術和管理的人，和其他情感上的因素。非訴訟方式已被用來作爲替代訴訟的方案，包括調解、仲裁、小型審判和「簡易陪審團審判」。事實上，陪審團對於處理複雜的專利案件的能力，時常受到法官和律師的質疑。然而，有陪審團審判的專利請求案件卻正在快速的成長。訴諸 ADR 程序來解決衝突不僅可以節省時間和成本，也可提高處理的水準，以避免產生當事者與訴訟人

之間的敵意，而且也較少破壞市場上的商業運作。此外，各種替代程序可以保持相對的私人隱私，還可以選擇一個技術專長相關的人來處理糾紛。事實上，仲裁員的人選是可以從國家專利仲裁小組裡挑選。

1982 年，有關專利自願仲裁法已經制定在 35 U.S.C. §294。該法律規定當事人可以約定解決一些涉及專利的有效性或專利侵權的糾紛，在此法律頒布前，雖然侵權的問題和許可協議的有效性是可能影響糾紛的仲裁，但是對涉及專利有效性的糾紛是不可能被仲裁的。

「仲裁」一般來說是根據聯邦法律來治理，美國仲裁協會擁有進行仲裁的規則。爭議的實際過程可以由各方根據仲裁，以較適合各自目標提供了相對快速和廉價的決議。在仲裁時，對仲裁員的決定，是具有法律約束力的且是最終的裁定。

類似調解仲裁主要關鍵的差異在於，調解員並不對當事人具有約束力。即使是不具約束力的調解，它提供了一些看法，此案件如果提交給一個中立方，可能變成怎麼一回事，這類分析，可能是促成一方或雙方當事人重新考慮其立場而作出和解。

調解是一種技術，由不同的調解人調解類似的紛爭可能導致不同的結果。事實上，在某些情況下調解人甚至可以是一夥人。

另一種技術，被稱為小型審判，包括雙方論點的陳述，必須包括商業人士，此專案小組有權解決此案，專案小組裡可以，但不一定要，包括中立的第三方在小組內。中立的一方可以提供一些有識之士透過法庭如何解決該問題。小型審判是有時間限制，通常持續一至三天。雖然小型審判不具約束力，但有幾個原因，他們對各方是有價值的。因為在商界人士提出雙方的糾紛前，能快速的分析優劣好壞。與只從自己的律師角度看事情相比，雙方都因此更可能達到達成協議。

這些技術的組合也被用於「MedArb」。在這樣一個過程，首先嘗試不具約束力的調解，如果無法解決這一問題，那麼以仲裁解決相關的爭議。在調解階段，作為中立方的調解員，敦促各方達成協議。如果調解失敗，調解員之後成為仲裁員，並決定對結果的爭議。

摘要陪審團是在法官和陪審團前審判。它涉及到了公開的陳述、證據的陳述和一個結束爭論。證據的陳述，是由雙方的律師讀取部分證詞和詢問的過程中獲得的證詞。

十、半導體晶片保護法

半導體晶片保護法是在 1984 年 11 月 8 日簽署通過的。半導體晶片保護法主要保護的對象是半導體晶片上的光罩作品，並且提供版權局註冊半導體晶片的光罩著作權。

光罩的定義根據法律（17 U.S.C. §901）規定，是一種包含下列一連串的影像特性：

1. 光罩上的影像是來自於一連串應用在半導體晶片上的連續光照影像的某一張影像。
2. 光罩上的影像擁有已塗布在金屬、半導體和絕緣體上的三維積體電路，或是由半導體晶片上移除的薄層。

半導體晶片的最終產品或是中間產品根據法律（17 U.S.C. §901）定義：

1. 應用於積體電路元件。
2. 根據一已是先設計出的光影，在半導體材料上塗布或是蝕刻兩層或以上的金屬、半導體或是絕緣體材料。

　　爲了使光罩作品被列爲保護對象，光罩影像必須事先塗布在半導體晶片上。另外，光罩作品中若不是原創，或是包含了部分主要產品的特性或是電路設計的共通點，則不會被列爲保護的對象。

　　光罩作品的擁有者是給予下列專有權：

1. 複製光罩作品。
2. 授權或是指導他人從事上述生產行爲。
3. 販售光罩作品完成的半導體晶片產品。
4. 進口光罩作品完成的半導體晶片產品。

　　然而，對於光罩擁有者的專有權仍有少數的限制。換言之，他人從事下列行爲實是不構成侵權的：

1. 複製該光罩作品，用於研究、教學、分析上面的技術或是電路圖、邏輯圖或是元件上的組織。
2. 將上述研究成果加入原有的光罩作品

　　半導體晶片保護法明確了逆向工程的合法性並且嚴格地區分了侵權和反向工程。所謂合法的「逆向工程」是指從他人的產品入手，進行分解剖析和綜合研究，在廣泛蒐集產品資訊的基礎上，透過對盡可能多的同類產品的解體和破壞性研究，運用各種科學測試、分析和研究手段，反向求索該產品的技術原理、結構機制、設計思想、製造方法、加工技術和原材料特性，從而達到從原理到製造，由結構到材料全面系統地掌握產品的設計和生產技術。爲了建立合法的反向工程，設計者必須提供足夠的測試記錄，以證明其作品並非只是單純的抄襲別人。此外，設計者還必須提供逆向工程研究成果如何創新應用到舊有的產品。

　　另外，在未知光罩作品已受保護的情況下購買或再轉手侵權的晶片，

該購買者是不會觸法的。

　　爲了使光罩作品受到半導體晶片保護法保護，光罩作品必須在商業化後的兩年內申請註冊。光罩作品的註冊是由著作權局局長辦理（17 U.S.C. §908）。註冊的程序包括填寫並呈上版權局所提供的 MW 表格，並附上政府費 20 美金，以及足以辨識該光罩作品所有權的相關證據。

　　光罩作品上並沒有規定一定要打上著作權聲明。但是該作品的擁有者可以放上一個「Mask work」或是其縮寫 M，以及擁有者的姓名，以代表聲明（此規定在 17 U.S.C. §909）。

　　即使該聲明並非是強制的，但是爲了使獲得晶片作品的人知道該光罩作品已受到著作權保護，建議在光罩作品上放上其中一種聲明。底下的聲明位置是被版權局所接受的。

1. 商標：例如是印在容器上的商標。
2. 一份印在或是貼在作品背面或是其他作品上可直接用肉眼看得出來的著作權聲明。

　　一件光罩作品侵權案可能導致擁有者法律上的實質損失，但是擁有者也可能因此侵權行爲而獲得利益，雖然這一點無法在實質損失中被納入衡量，光罩作品擁有者可以選擇接受法令上的損害賠償或是實質賠償。法院所判決的法另賠償最高可能到 25 萬美金。除了金錢上的賠償，法院可能會給予暫時的保護令或強制命令以阻止侵權行爲。

　　爲了具有申請光罩作品的註冊資格，擁有者必須具有美國國籍、或是旅居在美國、或是無國籍的人。若擁有者的國籍爲其他國家，該國與美國必須都是參與光罩作品保護的團體。此外該光罩作品是在美國首次商業化。如果擁有者的該國具有良好的誠信，以及擁有完善的光罩作品保護程序，貿易協會部長也許會將保護範圍擴大至外國人的作品。

現在具有澳洲、比利時。加拿大、丹麥、芬蘭、法國、德國、希臘、愛爾蘭、義大利、日本、盧森堡、荷蘭、波蘭、西班牙、瑞典、瑞士、英國等上述國籍的人可以允許在美國申請光罩作品的註冊。此外只有在1983 年 7 月 1 日後商業化的半導體晶片具有申請半導體晶片保護法保護的權利。

十一、1883 年之巴黎公約

1883 年制定的巴黎公約提供一些基礎和各國之間有關保護智慧財產的合作協議。巴黎公約在 1883 年到 1900 年之間被規劃和認可，直到今日已經有大約 101 個國家為公約的成員。雖然大多數重要的工業國家都有屬名，但還是有國家缺席，像是印度、台灣和委內瑞拉。

這條約的第二篇第 1 條指出每個成員國的百姓，在提出申請時都擁有相同的權利。換句話說，一個巴黎公約的成員國不能把有關專利的權利給他自己的人民，這是不同於他同意把權利給另一個成員國的人民。

此外，這條約的第二篇第 2 條指出，一個國家不能要求合法居住資格，也不能要求在他的管轄區內經營業務，作為授予專利的條件。

第二篇第 3 條進一步地指出，一個成員國為了得到專利，可以執行他們自己的特定程序和需求。因此，為了同意專利，成員國可以擁有不同的法律和程序，但這樣的法律和程序必須被所有公約成員國的申請者統一應用。並且當國家同意時，它可以對非公約成員國的人民使用不同的法律。

另一個巴黎公約重要規定為，專利申請人知道在成員國中提出特定發明的「公約年」（只用六個月來設計專利），開始於提出第一個申請之日期。由在另一個巴黎公約國中，提供一個符合公約年的專利申請，公約優先權日是由該特定國家後來提出的申請來考慮。公約優先權日指的是，在

每個國家提出申請的有效日期是相同於原本在第一個國家中提出申請的日期。換句話說，假設今時在美國提出申請，根據 1883 年的巴黎公約，該申請人將擁有從今時在成員國提出之日起剛好一年，其後他們會考慮提出申請的日期，而不在實際提出的日期。在接下來的一整年，該年結束在同一天因爲沒有持續提出申請。在公約年內額外提出的申請，爲了確保申請人的利益，然而可能需要可靠的正式需求。

在美國的例子中，提出一個最初在美國專利商標局提出申請所公認的副本、特別提及和要求起初提出申請的優先權，這些是必要的。當技術在最初的申請提出之後，但在另一個國家提出最後的申請之前，該技術變成可利用的，那麼得到這種優先權是爲重要的。如果沒有這種優先權的話，技術可能被視爲現有技術，在申請是在技術已被利用之後提出的國家中，這是足夠去廢除申請的專利性。換句話說，得到優先權能提供先於技術存在生效的基礎，而這個時間點是在最初提出申請的日期和最後提出申請的日期之間。當是在美國之外提出專利時，這是尤其重要的，因爲在其他大多數國家中，如果發明是在專利被提出之前揭露，那麼會失去可專利性。這樣的條件有時被稱爲「絕對新穎性」。

第三篇有關於發明年，包含了以下條款：

1. 在成員國中提出有效的申請是根據申請的優先權。
2. 優先權由另一個人提出、出版、販售、或其他利用是不能使它無效，所有的權利轉換是根據國際法。
3. 專利和實用模型的優先權會持續十二個月，而設計則會持續六個月。

如果原本提出可專利性的申請不是執行特定國家的需求，那麼原本的專利申請將不會自我滿足於給予申請擁有先於技術的基礎，而可能會介入

在那個國家中原本提出的申請和後來提出的申請之間。美國有某些特別關於揭露的請求，譬如說啓用和最佳模式。在先前一個不需要揭露的國家提出申請的事件中，實際上是不會包含該啓用或最佳模式。在美國的申請為了獲得早於有效申請的日期，試圖依靠原本的申請將不會成功。

條約的第四篇所提及的這種權利在專利中提供給發明者。因為在美國需要發明者是被命名的，所以這種特定的條款在美國不是重要。換句話說，大多數國家允許申請者作為專利的擁有者，因為這種條款提供發明者在專利中被提及的機會和因此被承認，所以他對那些國家來說是重要的。

在事件中，巴黎公約防止專利喪失的另一個重要的觀點為，專利所有人引進了已同意專利在任何其他巴黎公約的國家中製造的條款到一個國家。在過去幾年，該發展中國家一直在努力去從巴黎公約刪除這個條款，使專利擁有人將需要在發展中國家製造，而不是依賴進口。這試圖改變脅迫的專利條款，已經由固守且不變地已發展國家（例如美國）抗拒。

巴黎公約也允許每一個成員國採取立法的手段來提供義務許可的允許，以避免濫用任何可能導致從協議排除專利的權利。

許多國家特別是南美洲國家，擁有義務許可的條款去鼓勵在他們的管轄區內製造可利用的發明。義務許可指的是當濫用被發現時，專利所有人有責任准許專利的權利給自願同意支付版稅的人。除了條款所提供專利權的喪失，不應該被規定在義務許可不足以避免濫用的案件之外。

巴黎公約進一步的條款指出，專利所有人應該有關於產品進口到成員國家的所有權利，由該國家的國內法律中，有關在該國內使用這種專利程序製造的產品，它一致存在了專利保護了產品製造的程序。這部分指的是，當專利包含了在 X 國中產品製造程序，和被告侵權者使用這程序製造了一樣的產品，但是不包含在 X 國以外的國家製造，然後再進口到專

利所有人擁有專利程序的 X 國，那麼專利所有人只有在被告侵權者有在 X 國製造產品時，擁有所有的權利去指控侵權者。雖然美國沒有簽署巴黎公約這種特定的條款，但相似的條款在 1989 年 2 月已制定在它的專利法中。除此之外，這種行為考慮到國際貿易法下的不平等貿易法。為了能得到根據國際貿易法的信任，在美國的專利所有人必須能夠顯示工業的操作或證實該程序的證明。根據那些保證在美國沒有商業行為的專利擁有人，國際貿易法的該條款是沒有幫助的。

十二、國際專利條約

　　許多國家無論他們政府的體系是什麼，都會有一些專利體系的型態。事實上，中華人民共和國在 1985 年已經建立了一種全面執行的專利體系。在全世界專利、工業設計及商標制度專業手冊大全的書中，能找到廣泛地討論不同的專利體系，且這本書包含各國法律的基本條款。因為值得注意的是國家對國家之間法律的差別，在一個國家中可以獲得專利，但是到另一個國家可能就沒辦法獲得專利。也就是說，在一個國家中構成現有技術的因素，根據另一個國家的法律可能無法被認為是現有技術。雖然少數國際務專利條約沒有統一在專利法中，但他們同意給人們在條約中包含的國家提出權利的特權。

十三、專利合作條約

　　專利合作條約（PCT）於 1978 年 1 月 24 日生效，產生於 1970 年華盛頓哥倫比亞特區的會議，當時有 35 個簽約國，現在大約有 45 個國家批准了這個條款；專利合作條約的運作是根據世界智慧財產權組織（WIPO）的大方向。

該條款提供在一個被稱爲「受理局」（receiving office）的專利局中提出一項申請，和支付提出一項申請的費用。最初提出的申請可以使用任何語言，但是之後將需要轉換爲國家指定的語言。提出申請的費用將取決於一些國家的指定。該申請經常被稱爲國際申請（International Application）。

該條約的一個重要的條款是，申請是由受理局的受理以作爲一個有效的申請，所有其他指定在專利局提出的申請也必須受理作爲一個有效的申請。

一個調查必須由認可的檢索機關和調查提供的報告其中一個管理。該認可機關包含了美國專利商標局、蘇聯國家委員會和歐洲專利局。該條款有一個最小的需求，該調查必須涵蓋自從 1920 年起以下地區准許的專利，涉及的地區有德國、法國、日本、紐西蘭、蘇聯、英國、美國和任何由認可機關附加重要的商定，譬如說特別的期刊或索引。

該調查必須在提出申請的三個月內，或者任何先前的所有權提出之後的九個月內完成，像是根據巴黎公約下提出的是較長的爲準。該調查報告在提出申請時，必須以相同語言撰寫。

此外，當像這樣的請求是根據第二章的請求「（Chapter II Demand）」，該條款也提供給初步審查報告。初步審查報告要求必須在提出申請的十九個月內，或者從任何先前要求的日期算起的十九個月內提出，以時間較長的爲準。該初步審查報告超越調查報告和提供申請的要求之潛在可專利性的評論。這提供了申請一個額外的機會去提出修正和論證。

然而，不是所有專利合作條約的成員都是第二章（Chapter II）的成員，也因此不提供初步審查報告。事實上直到 1988 年 7 月，美國還不能

夠提供這種報告，顯然因為這種調查能力不能滿足該條款需要徵的稅。對過去的美國專利商標局來說，這樣可能已經限制了由國家政府給的財政資助。然而，由美國專利商標局提供的調查能力，為了如此已經提升到足以提供初步審查報告。不同的專利局不需遵守在初步審查報告中呈現的評論。

專利合作條約（PCT）使任何國家的考核程序之期限不能在提出申請後的二十個月內，或提出任何現有要求之後的二十個月內。在申請提出二十個月之後，或任何現有要求提出二十個月之後，將必須提出國際費用和轉換到那些國家任何指定的語言。這些被稱為進入國家階段。然而，在請求第二章初步審查報告（Chapter II Preliminary Examination Report）的事件中，為了那些第二章（Chapter II）成員的國家，已經將二十個月提出的期限延長到 30 個月。

在這種增加相關經費的階段之前，想要判斷的是發明是否依法支付這些費用。隨著時間過去，通常發明最初的熱忱會開始消逝。在不同的政府需要翻譯和大額費用之前，根據專利合作條約（PCT）額外提供的時間，當有一國家決定不繼續執行這個階段時，可以不必再支付這些應支付的金額。終止的決定不在二十個月或三十個月的期限終止時提出，將支付專利合作條約申請的巨額金費。

從提出申請或提出任何現有申請的有效日期為基準，在任何早於這段期間 20 個月的時候，申請人可以撤回審查的請求，也因此避免發表申請。然而當過了這個期限，申請將會與調查報告的結果一起發表。

專利合作條約（PCT）不會影響到國家實際執行一項申請。尤其是每一個指定於二十個月或三十個月的期限以後提出申請的國家，將根據該國自己的專利法來審查發明，而且如果認為發明是有專利性，那麼將在那個

國家中發表專利。換句話說，有關於申請專利合作條約的可專利性，仍然是由相關國家的國際法則來裁定。其他申請可以用專利合作條約的申請來要求優先權，一項專利合作條約的申請也可以從國家更容易的提出申請，或者甚至更容易從專利合作條約提出申請來要求優先權。

專利合作條約的主要目的，是在大部分國家提供程序來幫助提出申請，而不是在個別國家的法律中提供實質性的改變。

提出一個專利合作條約的申請，實際上是近似於為未來的表演作出保留，而進入指定國家的國家階段是近似於參加表演。

十四、歐洲專利與歐洲專利公約

在 1973 年，有 11 個國家簽署歐洲專利公約（EPC），其中生效於 1977 年 8 月。將近 1978 年 6 月時，位於德國慕尼黑的歐洲專利局同意提出的申請。截至目前為止，歐洲專利公約大約有 14 個成員國。

歐洲專利公約提供了一種審查，和授予一個有被證明是允許的單一的歐洲專利。在每一個指定的國家中，該歐洲專利擁有國際專利能提供個別需求的作用，像是仔細的翻譯和提出重申費。然而，在歐洲專利所指定每一個國家的個別法院中，這種專利給了專利擁有人實施的權利。換句話說，當專利只是由那些法院所發表的一項國際專利，但是這個專利實施在每一個國家中都是一樣的。個別國家的法院將實施特定國家認為適合的法律。這相當可能使歐洲專利在一個國家中是無效的，而卻在另一個國家獲得贊成。

專利申請擁有在歐洲專利或者個別在任何歐洲專利公約（EPC）的國家中，提出申請的選擇權，如果想在兩邊都申請也是可以，但是可能需要在專利發表之際，決定是屬於個別國家或者歐洲專利。這有時是當一項專

利已經在個別國家得到專利，但是卻不能在歐洲申請到專利的防備措施。

　　提出歐洲專利申請的開銷，估計大約等於在個別國家中提出 3 到 4 個申請。據此，如果專利在少於三個國家中提出申請，那麼對經濟上來說，不值得在歐洲提出專利申請。

　　爲了得到歐洲專利，根據法規該主題必須屬於發明的定義內、必須涉及發明的步驟、必須擁有工業實用性和必須顯示出絕對新穎性。主題要滿足「發明」定義的需求是相似的，但不是相同的，那些需求是根據 35 U.S.C. §101。尤其是在歐洲專利公約（EPC）中，由某些不被發明考慮的類別所說明定義的「發明」，那些類別包含有電腦程式、違反公共秩序或道德的發明和治療人類或動物的外科手術或療法。在自然界中發現的法則和物質也是，像是光線、重力和像這類的現象是不能申請專利，但是利用這樣的主題或大自然的法則是可以申請專利。

　　此外，在歐洲專利公約需要的申請步驟，相似於根據 35 U.S.C. §103 中非顯而易知性的需求。

　　歐洲專利公約也需要關於發明主題的絕對新穎性。這新穎性的發明指的是，發明必須不是技術陳述中所組成的部分。技術的陳述認爲包含了由使用者以書面型式或口頭的方法，或者在提出歐洲專利申請的日期之前，以任何方式讓公眾使用的方法。據此，不論把發明洩漏或揭露給公眾的方法，如果這發生在提出歐洲申請或任何先前它所依賴的申請之前，那麼該發明不可獲得專利。這跟美國專利法明顯的差別在於，當發明者在美國提出申請之前的行爲，導致將發明揭露給公眾，只要這個申請在該技術被揭露的一年內提出，那麼美國專利法不可以排除其申請在美國的專利性。有一個絕對新穎性的例外發生，當一個不是發明者的人不老實的揭露該發明，因此這樣的技術將無法得到歐洲專利。

　　像是在美國，歐洲專利申請必須包括發明的描述和所包含的所有權，歐洲專利的所有權允許在美國使用相似於吉普森式（Jepson）的特殊型式。尤其是歐洲申請的要求應該包括前言或最初的聲明，以解釋發明的主題和最認為是與現有技術有關的討論。其次是在「以這……的特徵（characterizing in that）」或「由……的特徵（characterizing by）」的術語之前，被稱為所有權的「特徵部分（characterizing portion）」，然後陳述發明不同於現有技術的特徵，和想要申請的專利保護。從歐洲專利局提出申請之日起，歐洲專利擁有 20 年的期限。

　　在提出歐洲專利申請後的 18 個月內，申請將被公開和發表調查報告。此外，該專利必須在提出申請或被放棄的六個月內要求審查。

　　專利被授予權利之後，任何第三者可以在授予發行的九個月內提出反駁。

　　歐洲專利局的正式語言為德語、法語和英語。歐洲專利申請可以由這些語言執行，但是在歐洲專利公約中指定的語言可能需要由那些國家來翻譯。

　　歐盟專利制度（European Community Patent System）涵蓋大多數歐洲經濟共同體（European Economic Community）的成員，但不是全部，而這些國家已在 1993 年早期生效。歐洲專利局將負責授予權利給歐盟專利。歐盟的專利被執行一次授予，將被所有涵蓋成員國處理和實施作為一項專利，相對於歐洲專利則是在國對國的基礎上實施。

十五、非洲地區工業產權組織

　　有關某些非洲國家組織在 1976 年 12 月 7 日進入的專利協定是被稱為 ARIPO，代表非洲地區工業產權組織（African Regional Industrial Property

Organization）。這種公約提供得到一個單一的專利和指定一些合法的非洲國家。該中央局位於辛巴威的哈拉雷（Harare, Zimbabwe）。

十六、非洲智慧產權組織

　　一些非洲國家互相有加入專利協議，這協議簡稱為 OAPI，代表是非洲智慧產權組織（Organisation Africaine la Propriete Intellectuelle），它也被稱為非洲聯盟（African Union）或非洲智慧財產權組織（AIPO）。這種公約提供得到一個單一的專利和指定一些非洲國家。OAPI 的專利局位於喀麥隆的雅溫德（Yaounde, Cameroon）。

第二章

專利性和發明權

一、專利性

二、實用性

三、可申請專利的條件

（一）新穎性和 35 U.S.C. § 102

（二）非顯而易知性和 35 U.S.C. § 103

（三）重複申請專利

四、發明權

五、發明人證書

一、專利性

為了便於了解一些專利的概念和熟悉專利內容的「規範」和「所有權」是重要的。該規範的內容包含此專利詳細的技術說明，此外如果藉由圖表來說明專利，將更加的便利，所以該規範將會這樣做，且還會提供解釋專利內容的圖表。該規範如果還包括背景技術發明的討論、技術上遇到的問題、現有技術上的狀況、本發明的目的和優點，即是發明。

專利的要求和所有權會列在專利的技術說明最後方。所有權的功能，要特別指出申請人被授予專利的發明所擁有的貢獻。這是所有權上的要求，相對於現有的技術，以便確定專利性。同樣地，所有權被要求與那些被指控侵權的案件相比，以確定是否確實有侵權存在。

為了確定是否為特定的發明專利，基本的定義包含在 35 U.S.C. §101、35 U.S.C. §102、和 35 U.S.C. §103 中。特別是像 35 U.S.C. §101 定義了什麼題材可以申請專利；35 U.S.C. §102 是針對新穎性和哪些行為可能導致專利權的喪失；35 U.S.C. §103 是關於什麼是被稱為「非顯而易知性」的題材。

二、實用性

說明該發明是有用的發明是可專利性的其中一個門檻要求。大多數的問題出現在有關化學實用技術的發明，為了組成的化合物能獲得專利，必須是有用處的，並且這些用處必須在專利的申請中公開。對於欲獲得專利的新化合物或成分，它必須比以往做的更多，而不是只提供一個科學探索的對象。事實上，這一個新的化合物或成分提供了科學家一種研究或測試的新工具，但是這種用途是不夠專利法範圍內之新材料「有用處」（useful）的意義呈現。此外，有關材料製作過程的發明為了獲得專利，

必須出示一些他們有用到的材料和必須在專利申請上公開其實用性，該實用性不需要在商業的發明範圍內提供一些合理程度的效能。

　　有關藥品發明的專利申請中，非常普遍的實用性說明還不足以視為滿足專利法要求的實用性。此外，根據專利申請中所公開的實用類型，以及公開化合物對特定目的是有用處的相關證明可能需要由美國專利商標局執行申請，尤其是大多數的證明需要賴以事實的各種情況，而且性質和所需要的證明數量可能會有所不同，這取決於所聲稱的實用性是否符合或違反既定的科學原則和信念。如果該發明是從人們在相關技術領域的工作中意識到該發明可操作性的質疑，那麼發明的實用性是其中一個問題。

　　最近美國專利商標局的專利上訴與爭議委員會已認清，擁有先進的癌症治療技術使症狀的減輕甚至症狀的治療，不再是一個遙不可及的目標。

　　對於專利而言，製藥的效果是在認可的程序篩選時所制定的結果，以作為表現該技術實用性的說明。臨床實驗雖然對效果呈現是有幫助的，但這並不是必需的。再加上專利的目的是將藥物用於治療癌症實驗動物（如老鼠）的測試結果，建立在這些相同的藥物治療人類的癌症上。換句話說，若能有效抑制實驗室動物的腫瘤生長的化合物，即被認為是「有用處的」。

　　有關增加味道和提高比重之方法的發明，是經由透過磁場的飲料（如水果酒、咖啡和茶）而提出了實用性的問題。基於美國專利商標局的立場，這種性質的發明其實用性是問題所在，而且也因此把建立可操作性的責任推給了專利申請人。事實上在這種狀況下，申請人承認該發明「是一種在香料化學技術中的普遍技能，且在第一次聽聞時將會質疑其可操作性」。申請人從大學食品系中執行味覺測試的教授，以及各種飲料受到磁場的物理性質變化的檢測實驗，提交了聲明形式的證明。然而所發現的證

明不足以克服基於缺乏實用性和保證授予專利的否決。該發明所觀察到物理性質的差異微乎其微，它們沒有改變任何磁化學所制定的結果，而不是像外在因素造成的結果，如在環境條件變化或實驗誤差。味覺測試不被視為具有統計意義。

此外，在某些情況下（主要指毒品案件），美國專利商標局規定，專利申請人必須證明在該實用程序的需求下，該發明預期效果是安全的。這項證明安全的規定後來被法院提出質疑，並發現藥物的案件是食品及藥物管理局（FDA）的責任而不是美國專利商標局。在這種情況下，安全性被認為不是一個專利性的標準。換句話說，美國專利商標局是限制其有關實用程序來申請專利法的審查，以及其他政府機構有責任宣傳以確保使用或出售的藥物能遵守法定的標準，安全性、有效性和環境問題都是由法律以外的其他守則。然而，一項使用不安全毒性或者會造成立即死亡危險因素的發明，在各種考慮條件下使用都將缺乏效用，因此不能授予專利。

三、可申請專利的條件

如 35 U.S.C. §101 所要求，一項發明必須是新的、有用的，以便獲得專利，此外 35 U.S.C. §101 要求，該發明必須被定向為提出機械、製造、構成新物質或任何新且有用的改善之過程。專利是涉及技術或實用技藝的。以一個簡單的方式來查看目標物的專利，此方式代表的意思為其中一個獲得期望的結果。取得專利的目標物可被非常廣泛的解釋。事實上，最高法院指出，語言所定義專利標的物的意思為「太陽下的任何東西皆是由人所製造的」術語，是「過程」中所用專利法規涉及處理或操縱一些物質、材料或信息以導致對材料、信息處理或操縱過程中的一些改變。然而，不會產生物理或化學變化的過程不被視為該定義所涵蓋的術語。此外

心理過程和抽象的想法是不能被授予專利，因爲這些被視爲是脫離現實的想法。換句話說，可申請專利的發明可以被看作是有用的點子或科技藝術有形的化身。

　　如果專利中要求的所有權不是爲了得到數學演算法或自然法則的先行使用權，而是用專利結合了製造過程中的所有步驟，故專利要求的製造過程不能只因爲它包含數學演算法或自然法則，而被視爲不能授予專利。

　　爲了判定有關電腦程式的所有權是否能被授予專利，必須經由兩個步驟：第一步驟爲判斷該所有權是否是針對一個公式、方程式或數學演算法，如果不是，那麼基於法定也沒有必要進行第二步驟。反之，如果所有權眞的包含一個公式、方程式或數學演算法，而我們必須進入第二步驟以判斷所有權是否可以做爲專利的主體。第二步驟爲所有權是否完全佔有或包含了數學演算法，如果是的話，那麼它不被認爲可申請專利。相同的方法也可在分析機器或設備的所有權上使用。

　　即使當一個應用這二步驟的程序，來判斷是否提出一個包括公式、方程式或數學演算法的所有權，並不是那麼容易能決定它是不是法定事項。然而，如果最終所聲稱的發明結果是一種純數，美國專利商標局或法院可能認爲，針對此題材的所有權是沒有資格獲得專利保護。另一方面，如果它的最終結果是限制流程步驟或定義結構中物理成分之間的關係，這所有權是可能被視爲屬於專利法規範圍的題材。

　　關於電腦程式的保護，許多發明家盡可能依賴商業機密保護法，或書面合約，或著作權保護法。在某些情況下，著作權保護法、專利保護法或是商業機密保護法都可被利用。

　　有關機器的發明所注重的是，機器可以組合一些有關的個別元素，而產生一些執行的功能或相互作用的影響。一些生活中常用到的設備，如化

油器、洗衣機、微波爐、蒸汽機、電力變壓器、冷藏設備、通訊設備……
等，都是組合個別機器而產生新功用的例子。

一個過度或短暫的狀態成分也被認為是可專利性的題材。換句話說，
一種在自然狀態的材料是不能申請專利，而利用自然材料觀察一些短暫狀
態的方法是可以考慮申請專利的。

法律本身的性質和原則，以及物理現象皆不屬於任何能申請專利的題
材，但是利用物理現象的過程，卻可以獲得專利。

(一) 新穎性和 35 U.S.C. §102

專利權也因為法規而授予了權利，那些造成一個人喪失專利權的行為
或者認為提供一個不是新的或沒有新穎性的發明，也因為法規而授予了
權利。換句話說，在專利申請中主張對於所聲稱的發明是否為「先有技
術」，是根據已制定的專利法來判定。由專利法創造的現有技術和那些
可能導致專利權喪失的情況將可在 35 U.S.C. §102 中找到。隨後將會討
論，為了確定一項發明的新穎性並且判斷其進步性，要求發明必須和定義
在 35 U.S.C. §102 的現有技術相比較。通常一個有資格作為現有技術的
項目會被當作「現有技術參考」或僅僅作為一種「參考」。

存在以下任何條件將會使一項發明的新穎性無效，因此欲獲得有效的
美國專利，將排除以下幾點：

1. 這項發明由其發明人在美國提出申請專利之前被大家知道。在這
   種情況下使用「已知的」是指「公開的」且不包括一些秘密監守
   知識的人。

2. 這項發明在其發明人在美國提出專利申請之前被他人使用。再一
   次的使用術語「使用過」是指「公開使用」。因此被他人秘密使
   用已被認為不是一個典型利用現有技術而構成打敗專利的考量。

3. 這項發明在其發明人提交申請之前已在世界任何地方取得專利權。這種現有技術來打敗一項發明專利可能是最常見的類型，原因是專利通常比其他現有技術資料更容易找出和發現。

4. 這項發明在其發明人提出專利申請之前已經在印刷出版物中描述過。所謂「出版」是指「給人們有關特定技術的影響性和可利用性」，而不是記錄這些材料的方式。換句話說，它並不一定是出版文件，也有可能是手寫的、縮微膠片、電腦磁帶、或任何固定的型式、有形的媒體，只要它提供人們有關特定技術的影響性和可利用性。同樣地，「出版品」單純指的是傳播素材。

　　雖然專利在美國被授予並於同日（即每週二）以印刷形式出版，在許多國家中專利的授予和出版日期的規範不會出現在同一天，根據類型 4 以上不一定包含所有專利，而有些國家甚至不以印刷型式中公開規格書。此外，一些國家在被授予專利權之前提供了印刷形式的規格，卻在被授予專利權後使用其他規格印刷。因此根據所涉及的國家，一個專利可能有兩種不同的有效日期，像先有技術是有一個專利授予的日期和另一個可作為印刷出版物的日期。

　　使發明不具有新穎性的條件和避免專利申請人之外的行為要求（第 1 至 4 段）可在 35 U.S.C. §102(a) 中找到。除此之外，這些行為必須發生在專利申請人得到問題的發明之前。如果行為發生在專利申請人得到發明之後，他們是無法根據 35 U.S.C. §102(a) 而被定義成現有技術。

　　在 35 U.S.C. §102(b) 中發現有四種情況，不會限制於專利申請人之外的人，而且還包含了專利申請人和任何其他人。前兩種如下：

5. 這項發明在申請美國專利前已經在美國公開使用超過一年。

6. 這項發明在申請美國專利前已經在美國銷售超過一年。

判斷發明是否在公共場所使用或銷售並不是那麼容易的，舉個例子來說，銷售一項由已嚴格保密的過程或設備所編寫的商品，被視為是現有技術為了公開使用或銷售其過程或設備，即使該過程或設備是沒有向大眾公開過的。它也認為發明者能經由產品在商業上的銷售而因此獲得該過程或器材的開發。換句話說，如果有發明者以外的人銷售一個已被保密的過程或設備的商品，這種銷售將不會使其他人的發明被授予專利。結果的差異在於發明人在後面的情況並沒有行為的控制權。

此外，還沒有被出售的商品，並不代表該發明沒有被列入「拍賣」。例如發明可以出現或列入拍賣超過一年以上，而且即使沒有銷售，這樣的產品將會防止專利的保護。順著這種規定，一旦某些商品已經被放置在一家商店的櫥窗，即使尚未售出，將發明列入「拍賣」直到所創造的現有技術被關注。也因此，一些像是報紙上引誘商品交易的廣告，可能足以將該發明列入「拍賣」。未來尚未開發且尚未到手的發明，其銷售或合約通常不被認為是將發明列入拍賣。

除此之外，公開使用一項發明的所有用途並不能認為能創造現有技術打敗專利的意義。尤其是發明的實驗用途不能認為是創造現有技術並可公開使用。實驗性使用是一個以實際的動機或實際測試和／或完善發明的使用。決定是否為實驗性價值或公共用途的其中一個主要因素是要找到發明者的真正目的，再加上幫助建立一個實驗性的使用，即時在實驗性使用發生時和描述那些發明的條件時，對編寫一份文件是有利的。而且從另一方得到簽署保密協議也是有幫助的。此外，如果發明者已取得在控制測試和／或計算中數據，則對從實驗性的使用可得到積極作用是有幫助的。在許多發明的類型中，實驗性使用是相當重要的，其必須評估發明實際用於商業上的性能。然而，由任何發明者以外的人不受限制地使用，則被認為是

公開的。

在實驗性使用的階段，發明的時間長度將根據不同的發明類型與情況而有所不同。例如使用認爲會進行大約 6 年的特定鋪路實驗，當發明人在公路鋪設之後的六年多，便定期檢查它是否是足夠耐用，即使爲部分收費道路的路段且在該時間長度下公開使用，這種使用被認爲是一個合法的實驗之一，因爲需要這樣的路面測試以評估是否會阻礙很長一段時間。

而且關於實驗性使用，如果金錢交易只是實驗使用時所附帶的，而不是交易的主要動機，透過手中的錢並不一定構成發明的銷售。

第 5,6 段所述的條件以上和第 7,8 段所描述的條件以下，有時也被稱爲申請專利的「法定限制條件」，因爲事件所涉及的關鍵是在包括專利申請人的任何人，在美國專利商標局提交專利申請時，在提交日期前一年完成了什麼：

7. 這項發明在任何地方取得專利的時間，比在美國申請專利的日期早超過一年。

8. 這項發明在任何地方的印刷出版物中被描述的時間，比在美國提交申請專利的日期早超過一年。

從本質上講，在美國提交專利申請後，如果有發生任何上述行爲時能提供一年的「寬限期」。然而，每當其專利權在美國以外的國家令人感興趣，請記住大多數其他國家在提出的申請中不給予任何寬限期，而需要在發明曝光以前提交專利申請。很多時候發明者希望以論文的形式呈現或描述一些新發現，但是爲了維護國外的權利，這應該不能完成，直到已經提交專利申請爲止。在提交之後，該論文可以在不影響權利下呈現或發表。然而，在一個國家中根據「巴黎公約」所提交的專利申請可以保留自己的權利，尤其是「巴黎公約」賦予專利申請人首次在其他國家中提出申請文

件後一年的時間，以及原來在第一個國家提交的日期作爲被授予的有效日期。

　　當專利申請人放棄了一項發明，35 U.S.C. §102(c) 能避免它得到美國專利。專利申請被放棄的這事實並不代表該發明本身已被放棄。放棄一項發明可被視爲當一項發明已經「付諸實行」而且已經持續非常長的時間後，才提出專利申請。

　　在美國提交專利申請之前，先在美國以外的國家提交可以避免得到專利的保護，尤其是像 35 U.S.C. §102(d) 中所規定的，如果發明是首次申請專利或者是在美國申請專利之前，由專利申請人或它的法定代理人在國外造成專利的日期比在美國提出申請還要早十二個月以上，這個專利申請可以避免得到有效的專利保護。對於文中以排除專利的專利法規都必須滿足以下所有條件：

1. 申請專利的行為必須由專利申請人或由某些與專利申請人有關的人執行。

2. 在美國提交申請之前，這項發明必須已經獲得專利。

3. 該專利的申請必須是在美國提交申請之前，先在一個美國以外的國家申請超過十二個月，但就設計專利申請而言，應該注意的是這段期間只有半年而不是十二個月。

4. 同樣的發明必須是有關聯的。

　　除了專利申請，上述部分也適用於申請與獲得發明人證書（Inventors' Certificates）有關的事件。在蘇聯和某些東歐國家是授予發明人證書給發明者，而不是授予專利。

　　如 35 U.S.C. §102(e) 所規定，一項美國專利從在美國專利商標局提交的日期開始可以被認爲是現有技術，而不是自從它變成專利的日期開

始，這條規定只適用於美國專利，其他國家的專利只能在其申請專利的日期和／或它的出版日期起被認爲是現有技術。關於在美國提出的國際申請，如那些根據專利合作條約（PCT）下提出的，這種國際申請自從在美國收到一份申請副本的日期起，可以被認爲是現有技術，爲美國支付國家費並由發明者提出一份簽署聲明。

爲了獲得專利的專利申請人必須具備 35 U.S.C. §102(f) 中發明題材所需的必要條件，這項規定實際上與 35 U.S.C. §101 中規定發明人必須是想獲得專利的要求重複，大多數其他國家甚至不要求發明者要被命名和允許擁有者要提交申請。

最後在 35 U.S.C. §102(g) 指出，每個人都應該有權獲得專利，除非該申請人的發明是之前另一個沒有放棄、隱藏或廢止發明的人在美國的發明物。此外，35 U.S.C. 102(g) 中提供了發明的優先權裁定，應該不只考慮各個概念的日期和發明的付諸實行，還有在別人的觀念之前，爲第一個努力構想的人和最後一個努力付諸實行的人。

「觀念」認爲是由心理行爲造成的發明。「付諸實行」是實際製造或實行該發明。該專利申請的提交被認爲是發明的付諸實行，而且有時也被稱爲「建設性付諸實行」。

有關於專利條約中 102(g) 的部分，它在美國是重要的法案。實際上有某些例外，在美國之外的行爲避免了建立發明的日期，特別是國外的這種法案被 35 U.S.C. §104 第一句話所排除，具體陳述如下：

> 在美國專利商標局和法院的程序中，除了這標題的第 119 及 365 節所規定之外，專利申請人或專利權所有人不得在國外以知識參考或使用或者其他有關的行爲設立發明的日期。

35 U.S.C. §119 和 35 U.S.C. §365 的條款所提供「優先權」給某些

不同國際協定的國家，如美國和大多數的工業國家為 1883 年保護工業產權的巴黎公約和專利合作條約的成員。有關於這個由 35 U.S.C. §119 建立的公約，專利申請在關於這一發明主題而提交的第一次申請開始後供應了一段「公約年（Convention year）」。在「巴黎公約國（Paris Convention country）」的公約年內提交通過相應的專利申請，公約優先權日（與它最初在第一個國家提交申請的日期同一天）是提供大量提交申請的國家提出申請。

儘管在一個美國以外的國家，其法案阻止提出發明的日期，這種法案可被一方用來證明另一方從第一方得到或竊取該發明。

當兩個以上由不同發明者提出的專利申請都聲稱是同樣的發明，為了決定哪一個發明者是第一個發明者且具有專利資格，則要爭辯或提起訴訟，稱為「衝突」。美國和菲律賓是目前唯一有這樣程序的國家，這兩個國家有被稱為「發明優先專利制度」的系統；反之，世界其餘國家為「申請優先專利制度」。在「發明優先專利制度」的體制中，能得到專利的人是第一個提交專利申請的人，而與實際發明的日期無關。

(二) 非顯而易知性和 35 U.S.C. §103

在上一節所討論的打敗現有技術之新穎性的項目為前提，有關專利尋求的確切主題，描述在單一的現有技術項目中。然而，除非該發明與現有技術相比時有非顯而易知性（Nonobviousness），即使聲稱它具有新穎性，但它仍然不能被授予專利。一項擁有不明顯特性的發明為了得到專利，其要求描述在 35 U.S.C. §103 中。在其他項目中指出，欲得到專利的題材和現有技術之間的進步性或差別必須不能太小，如隨時能在該特定領域的人們工作中發現。如果所做的改變基於現有技術是合乎邏輯的，那麼該發明是為明顯的或不可獲得專利。

在專利法規中所指出有關非顯而易知性的要求如下：如果欲得到專利的題材和現有技術之間差異，整體看來在熟習該技術者做出發明時是很明顯的，雖然該發明有新穎性，但是不能被授予專利。

在一個判斷發明之非顯而易知性的分析時，這種分析必須由發明時已存在的相關技術作為基準，而不是以奢侈的先進技術或當時可利用的知識作為分析。此外，非顯而易知性的判斷必須是由有關該發明特定技術的「熟練技術」之人士執行。反之，有關判別何者是在特定的技術中的熟習技術，作出判別所考慮的因素還包括相關的特定領域中較複雜技術的積極工作人士，它們的平均教育程度和技術背景，以及創新的速度而作出調整。因為一項技術的發明對一項特別的技能來說可能是明顯的，而對熟習該技術之人士來說可能不明顯，所以擁有熟習該技術之人士的判斷可能會變得重要的，因此將能夠申請專利。同樣地，一個非顯而易知的發明對不熟習該技術之人士似乎是明顯的，因為不熟習該技術之人士可能不會完全明白或理解其與現有技術的差異，或了解本發明解決的問題。

非顯而易知性的判斷（一項發明是否是明顯的）是分辨有關一個欲獲得專利的題材（申請專利的所有權）和現有技術之間存在差異的比較。在作出非顯而易知性的決定時，必須考量發明的整體（整個所有權）。現有技術的差異必須從所有權文字與用語的整個環境中上下文審視。

一般來說如先前章節中所討論的，這些被定義在 35 U.S.C. §102 的現有技術項目，根據 35 U.S.C. §103 顯而易知性的判別下被認為是現有技術。然而這點的某些例外，最近已制定為法律。特別是，由另一個在 35 U.S.C. §102(f) 或 35 U.S.C. §102(g) 下視作現有技術所發展的題材不被認為是可作為 35 U.S.C. §103 為宗旨的現有技術，當這主題和聲稱發明是在要求發明之際，擁有相同的實體或受分配到實體的責任。這法律制

定的規定，以表揚鼓勵在同一間公司發明者們之間溝通的有利條件，沒有提出創造現有技術對那些接受到的資訊可能造成的問題，如同某些發生在法律改變前做出決定的情況下。

在 35 U.S.C. §102 中提供那些不能授予專利的發明，已經充分說明在一個引用或事先得知的現有技術或具體表達在一個現有技術裝置或做法不能授予專利。另一方面，大部分有關那些組合多個現有技術項目的發明在 35 U.S.C. §103 下是明顯不能授予專利的。

為了從引用不同的現有技術結合教學打敗一項發明的專利性，現有技術必須提供動機、方向、或組合的邏輯。成功達成某種可預測程度的結果由創新必須存在得到，然而絕對可預測性是不需要的。當試圖結合引用的現有技術，除了事後之外必須有這樣做的理由以贏得了該發明的公開。對於一個被認為引用有相關的現有技術，像是應在該發明的領域內，或在相關領域內由發明合理解決的特殊問題。另外 35 U.S.C. §103 的規定為專利性不得以發明的方式危害。這意味著在分析和評價非顯而易知性時，作出發明的方法不被用來作為一個戰勝專利的不利因素。

1966 年最高法院有機會說明 35 U.S.C. §103，提出了決定一項發明是否符合 35 U.S.C. §103 的要求時某些需要考慮的因素，尤其是最高法院實際的調查所指出的內容包括以下幾點：

1. 決定或解決熟習該相關技術的水準。

2. 決定現有技術的範圍和內容。

3. 決定或查明現有技術和所有權問題之間的差異。

法院進一步指出，下列次要考慮可能採取的說明，因為它們可能與關於發明的顯而易知性或非顯而易知性有關：

1. 商業化成功。

2. 技術上其他的失敗者。

3. 長期未能得到解決，需要現有技術。

當試圖建立一個商業上成功的事實，重要的是要顯示什麼是自己的專利發明在商業上的成功。換句話說，商業成功的一個因素是在推動專利性的論點，就必須有一些發明成功的關係。

當試圖建立一項發明的非顯而易知性時，其他熟習技術的人，對克服發明者解決的問題是非常有用的。

儘管存在的任何上述可以幫助證明非顯而易知性，他們缺乏（如商業上的成功或長期未能滿足的需求或在技術中的失敗）的不是應採取的任何方式作爲參考，更證明該發明是顯而易知的。

當決定一項發明的顯而易知性時列舉必須考慮的各種因素，包括以下內容：

1. 這個問題在被業界發現之前的時間長度。

2. 試圖解決這個問題的數量。

3. 認可和接受業界的解決方案。

此測試不在於測試東西是否爲顯而易知，但是事實上現有技術是否建議一些合理程度的可預測性，即嘗試可能實現所期望的最終結果。在確定某事是否是非顯而易知性，它不僅是其現有技術的差異是重要的，而是差異實現的最終結果。這是發明的結果或者是最偉大意義的成就。

問題發現的原因可能會導致發明的專利申請，儘管這個問題的解答很明顯是已知的。僅僅因爲發明很簡單，而且必要性並不意味著它是顯而易知的。

某些類型的證據已經成功的建立發明的非顯而易知性，說明如下：

1. 由那些熟練的技術在一段相當長的一段時間察覺這個問題。

2. 那些技術上失敗的技巧體會到問題實際上存在。

3. 那些技術上失敗的技巧體會到這個問題的原因。

4. 顯示該發明提供了顯著的改善或技術上已存在問題的一個完整解決方案。

5. 有證據表明該問題已經有嚴重的後果，如重大損失。

6. 有證據表明該項發明的問題仍然沒有得到解決。

7. 發明帶來商業上的成功。

8. 在技術上負面主義實際上抑制發明的發現。

9. 識別他人發明的重要性。

10. 從業者實際上運作或解決問題的技術。

11. 由潛在的侵權者的聲明。

12. 發明被潛在的侵權人複製，而不是獨立開發。

以下列表是一般通常導致不具有專利性的情況：

1. 凡所有權的一般條件下公開於現有技術，它通常不考慮由例行試驗發現最適合的或可行的範圍而申請專利。參數的變化如溫度、壓力、時間和／或濃度的變化程度，通常認為不值得申請專利。然而在特定範圍發現產生的結果不是期望的或從現有技術作預測的證明可以申請專利。

2. 如果元素保留相同的功能方式，或沒有的元素被忽略。伴隨著遺漏的元素相應的消失，其功能的組合通常被認為是不可以取得專利的，反之，遺漏的元素，隨著保留被認為是非顯而易知和專利證據的功能。

3. 非專利性的可推翻性是針對要求指向建立到新的化合物，與舊的

技術同源。這種非專利的推定，可以被推翻，建立了具有新屬性的化合物，此化合物預計不會和已知的現有技術相關。

4. 材料基礎上的選擇，其已知的預期用途，不宜考慮申請專利。

5. 大小的變化通常是不可以取得專利的。

6. 一般來說，只是籠統地提供機械或自動方式取代手工活動，完成相同的結果，不考慮給其取得專利。

7. 一般製作可攜帶的項目已認為是不能取得專利的。

8. 在有需要時提供適應的調整，一般被認為是不被授予專利的。

9. 它已舉了明顯的區分界線，以獲得空間覆蓋的上限。

10.部分的取消，通常也認為是一個明顯的權宜之計。

35 U.S.C. §103 中所述，發明與現有技術比較後是否可以得到專利，需考慮下列因素：

1. 發明在商業化的成功。

2. 有多少受尊敬的團體試圖解決此問題，但均未能如願。

3. 接受的解決方案曾在產業中向其他人透露過。

4. 產業面臨這問題的時間長度。

當發現一個滿足非顯而易知性的問題，並且能夠使該發明得到專利，即使後來發現該問題的解決方法是顯而易知的，該發明還是可以得到專利。第二種狀況，雖然發明看上去是顯而易知的，但它是在發現了問題後，強調於解決問題的方法，所以該發明能被認為是專利。第三種狀況，當發明引用的現有技術，在發明當時沒有考慮到，而這種發明還是滿足非顯而易知性，且可得到專利。

(三) 重複申請專利

　　為了防止延長專利授予的合約期限超過 17 年，一項專利只允許有一個發明，這表示同樣的發明不能有一個以上的專利。不過所有權在不同的範圍或不同的類別（如製作法、成分、機械和製造條款）中，是可能有一個以上的專利的，此外，還可能一項專利的所有權範圍重疊另一個專利的所有權。但在這種情況下，它可能需要同時擁有兩個專利期限，所以盡量不要延長授予指定專利權的時間。為了確定所有權是否重疊，而不只是在於發明的標題相同，一項專利的所有權是否可以從字面上侵犯了其他所有權，這是必須回答的。如果是這樣，那麼重疊的所有權不一定指向完全相同的發明。

四、發明權

　　美國專利申請的文件，不管是否擁有權利的發明人都必須為其發明而命名。（其他大多數國家並沒有要求發明者命名，只有申請人或持有人為發明命名）。此外，該發明人必須簽署一份宣誓或聲明。發明人在看完申請書並沒有改變其文件後可簽署的聲明。雖然簽署宣誓或聲明是必須完成的申報要求，但是初次申請論文要已在美國專利商標局備案後才會進行簽字。在這種情況下，政府是有收費的接受後期申報，後期申報的截止日期將在提交最初申請或接到美國專利商標局通知後的一個月或兩個月，這個支付指定的費用最多可以延長到四個多月的期限。

　　在法律上，當發明人死亡或者喪失行為能力，法定代理人簽署的申請表格可以代表發明者。此外，當一個發明家不願意簽署或無法找到一個盡責的人選，當事人或共同發明者有一個專有的申請專利可簽署代表無行為能力的發明者。本發明實體的命名可以是單一或唯一發明人，或可有多個

發明人，稱為共同發明人。

如果正確發明的實體沒有被命名，在美國是被宣布無效的。一個發明者合併審理或不合併審理能被更正，然而，如果這種合併審理或不合併審理發生沒有任何欺詐意圖誤差，一旦錯誤的發明命名實體被發現，要求應該要努力做出改正的發明實體。

該發明實體的確定是根據申請的宣稱為何，每個命名發明人必須做出貢獻此事至少有一項所有權的專利。這是沒有必要，然而，每個命名為發明人對每一個目標物主張的專利作出了貢獻。

一個法庭總結，發明權的問題，如下聲明決定：

> 構成聯合發明人的確切的參數是很難界定。這是一種混亂的觀念，在專利法的混亂原則體系。

聯合發明人可以被看作是為何各方要合作解決問題，以及為何對最終的解決方案構想有一些心理上貢獻的一個過程。這是沒有必要的，對發生所有每個共同發明的構思或在該項目上進行合作。每一個需要的貢獻不盡相同或相等。所以，其實這是沒有必要的發明者，個人發明的做法減少了。發明的構想是發明的精神概念，反之，減少的作法是實際建造或發明的製作。哥倫比亞特區聯邦法院制定了一些共同發明權非常有用的原則：

> 共同發明是由兩人或兩人以上對同一目標共同努力合作發明的產品。要構成一個共同發明，它是需要對同一事項，每一個發明人的工作作出一些貢獻的創造性思維和最終結果。每個需要執行的一部分，但該任務，如果是由所有發明的步驟整合在一起。這是沒有必要的，整個發明構思應該是每個共同發明著想到，或者說，兩者應實際在工作項目上進行合作。可以採取一次一個步驟，在不同的時間採取另一種方法。人們可以做

更多的實驗性工作，當其他建議產生的時候。事實上，每一個發明人有不同的作用，貢獻之一可能不會像其他人這麼大，不會因這樣減損共同發明的事實。如果每個人有些原創性貢獻，雖然只有部分，但解決了最終問題。

僅僅利用技術進行他人設計的細節描述，此設計細節是目前技術水準或按照指示不能提高某人發明家的地位。然而，僱員提出建議或修改超出指示並有助於使工作概念能被認為是發明人之一。此外，只因為某人的雇主或主管不會自動導致該人被視為一個共同發明的僱員。例如，僅僅預期結果的建議，雇主沒有任何建議如何實現，這樣雇主不會成為發明家。

即使正確的發明者命名是一個美國法律的關鍵要求，錯誤發生在發明家的不合法共同訴訟或非共同訴訟可以更正。鑑於有時出現在發明認定上的困難，尤其是在組織中具有較大的研究工作時，當發明延伸出來的共同努力和／或自由意見的交換，人們早就意識到誠實的錯誤，在正確的發明命名上有時會發生。因此，法律規定糾正，一經發現，錯誤命名非發明人（「不合法的共同訴訟」），且沒有名稱的發明人（「非共同訴訟」）。錯誤必須有一些進展，但是，沒有任何欺詐意圖。

為了產生變化，該錯誤是無辜的，沒有任何欺詐意圖是必要的，申請人的原名是真正一夥人的利益，一旦發現錯誤的發生，要認真改正要求。

法院通常考慮不合法共同訴訟或非共同訴訟的辯護，作為非常技術，且不急於舉行專利無效等理由。此觀點提供了不明顯的欺騙性意圖，有人使用下面的語句：

　　專利法不認為問題的關鍵與否是幾個共同發明人，或唯一發明人。共同發明者不合法的訴訟或非共同訴訟沒有專利無效。在這方面的錯誤可能由處長或法院專利予以糾正，藉由通

過一項修正案剔除或增加一個發明者的名字……

當對實體的發明有疑問，可能是更好的名字來命名，比沒有名字命名的人好。此外，一旦起草所有權和申請，這些要簽署申請表格的人應該受到質疑，最好以書面形式，是否有任何其他人可能已經促成了請求保護的發明。並且，有人建議，發明人的問題，被再次審查當時的所有權是由美國專利和商標辦公室所授予，因為從原來的所有權和發明實體可能與原來提出不同，所有權可能有相當大的變化。

發明人的問題和發明所有權問題是完全獨立的問題。發明所有權的問題是契約問題。另一方面，發明人的問題是一個僅僅通過人與人之間的協議，實際不能改變問題。事實上，對該專利的權利歸發明人以外的其他人，這是很平常的。如勞動契約或轉讓。

五、發明人證書

發明人證書在某些國家用來代表得到專利的證明。發明人證書基本上不超過發明人定義的知識，因為所有必要的權利是屬於國家，發明者只持有某些使用發明的權利。發明人證書是由 USSR 和一些東歐國家提供，雖然不是專利也不是專利申請，但他們可以用來要求巴黎公約下的優先權。某些美國法規，把發明人證書和發明人證書的申請視為與專利和專利申請一樣（特別是在 35 U.S.C. §102(d) 中所聲稱的發明人證書，見 35 U.S.C. §119）。

第三章

專利的應用

一、公開的摘要

二、規範的說明部分

三、發明的書面說明

四、賦予的權利

五、專利編號

六、相關專利申請的類型

　（一）模組

　（二）專利圖樣

　（三）最佳模式

七、專利範圍

　（一）專利範圍之前言

　（二）專利範圍之轉折詞

　（三）專利範圍之主體

　（四）專利範圍之形式

八、均等論

九、宣誓及聲明

十、美國法定發明登記

十一、專利申請的起訴

　（一）要求獲得申請日

　（二）申請人的回應

　（三）審查員對申請首次實質性審查

　（四）審查的品質控制

（五）審查目的的分類應用

（六）請求複審

（七）認可協定和複審

（八）回應辦事處的動作

（九）所有權的最終核駁和回應

（二）維持機密

（三）商業機密提供的保護

（四）商業上的考量

二十四、記錄保持

二十五、公開發明

二十六、專利的限制開發

二十七、專利的所有權

二十八、激勵創新計畫

十二、專利申請案的價值

十三、衝突

十四、向上訴委員會提出專利的上訴和衝突

十五、補貼告知

十六、證書的更正

十七、再發行

十八、再審查

十九、先行使用權

二十、反對案

二十一、現有技術的引證

二十二、系爭專利之可專利性具顯著之新爭議

（一）複審訴訟

（二）複審的裁定

（三）當決定複審或是否採取一些其他動作時相
　　　關的因素

二十三、商業機密和商業考量

（一）專利和保密

專利的申請是作為法律合約和科學論文的結合，並且以獨特的書面形式呈現。科學論文描述了一些技術成果，但不同於一般的科技論文，它必須堅持自己是比大部分的科技論文更好。專利代表的法律合約，它實際上是一個由政府頒布在發明者和美國人民之間的契約，特別是由美國專利商標局。特別是，政府給予發明者權利，使之能在有限的一段時間內，防止他人製造、使用或販售該發明，在契約中發明者所付出的代價是公開有關發明的訊息。專利的申請必須包括一個規範、圖（以圖說明該發明的性質），並簽署宣誓或聲明。該規範必須同時包含發明的文字描述和至少一個所有權。申請的法律要求可以在 35 U.S.C. §111 中找到。此外根據規則，申請必須包含摘要的公開。

政府必須支付申請費，每份申請最低$ 630.00 或$ 315.00 在事件的應用程序擁有一個「小規模個體」。小規模個體包括獨立發明人、非營利組織，以及少於 500 人的小公司。非營利組織包括：

1. 大學、其他高等教育機構、或者非營利性科學或教育組織，根據聯邦法律是擁有非營利組織的資格。

2. 如 1954 美國國家稅收法則第 501(c)(3)[26 U.S.C. §501 (c)(3)] 和根據稅務條款第 501(a)所描述的組織。

3. 任何國外的非營利組織，當它是設在美國時也是被視為非營利組織。要求小規模個體的法規，其聲明必須在某個專利申請的生命週期內提出，開始的時間點被視為提出申請的時間。

一、公開的摘要

摘要的目的只是作為一個檢索工具，並且應是一個內容的簡要敘述，可以迅速的了解發明整體的想法和發明的本質。摘要不具有法律效力，且

摘要位於專利的標題處。

二、規範的說明部分

專利規範的要求包含再 35 U.S.C. §112，其中規範對於說明部分的要求，必須包括以下內容：

1. 以書面形式描述發明。

2. 由發明人開展發明設想的最佳模式，這種規定通常被稱為「最佳模式要求」。

3. 以完整、清晰明瞭的書面形式描述該發明的製作方法和使用，並且讓熟習該技術之人士能更容易去製作或使用該發明，這種要求通常被稱為「啟用規定」。

此說明是可以作為發明人在專利合約中議價的一部分。

三、發明的書面說明

有關發明書面說明的要求，這種規範必須能支持申請的所有權。其中一種規範是要保證所有權有包含相對應的語言，並且該語言最好是廣泛使用的語言。這個要求通常不會令人滿意，尤其因為原先提出的所有權被認為是原來公開的一部分，因此該規範是可以修改的，包括在最初提出所有權時所使用的語言文字。

即使在規範中沒有明確的說明發明的適用性，然而，只要有提到代表組成或代表性的例子，是可以依據通用語言提供一個隱含的說明。特別是規範除了明確規定，從單純的閱讀，還暗示公開那些技術什麼是顯而易知的。然而它並不總是安全的依靠，既不能確定其真正隱含的結果，卻又不

得不信服。

此外，藉由發明或由該發明解決的問題，來討論先前決定過的規範，與討論如何取得優勢是非常有幫助時。事實上，有些法院認為，在申請中為了支持專利性的證據，不能依靠不被公開的優勢。在某種意義上，該規範提供了一個機會「賣」該專利的發明，因此，可用於這種優勢。

這個要求代表性的難題是當遇到，試圖在原本的所有權或描述中，添加不是最初包括的新物質或材料的應用，這種行為是被禁止的。

四、賦予的權利

該規範還必須包括一個足以使任何熟悉該技術之中製作和使用該發明的書面說明。雖然「啟用」只需要對這些技術加以處理、解釋發明的技術問題，而因為只有熟悉的人可以理解，所以不能用這樣的方式書寫。由於專利的有效性，使得這種考慮可能是重要的。

在發明的實踐過程中減少該發明的實驗步驟，對滿足啟用的要求是沒有必要的，只要按照書面說明操作，發明可以完成且無不當的試驗。此外只要賦予的權利是令人滿意的，即使某些實驗是必要的，它就不構成不必要的試驗。

此外在這門技術中，如果該專利的規範沒有明確說明需要顯而易知的技巧，那麼算是常見的和眾所周知的。

在技術上，以規範中的方法來教人如何製作和使用發明，必須包括代表性的例子。這意味著只有一個教學辦法，然而，滿足由其中法令要求的啟用部分，它不是唯一手段。該規範不需要說服那些在技術上其主張是正確熟練的。然而，如某些化學發明在很廣泛的所有權先進性，額外的支持可能會被要求建立該發明成品以作為所有權。

　　這是在描述包括所有發明的細節，自從這不是最初認為的重要可能參數，從先前的技術，成為發明的必要區分。如果在原先規範中提出的這細節不存在，它可能無法將其添加，沒有介紹新的問題，卻引進新的問題是禁止的。因此，它可能無法這樣做，因為在原本申請的備案後已成為有用的技術。即使是傳統的現有技術，本發明技術的特殊領域，可能有助於確定申請專利題材，因為全部的所有權都必須和現有技術作比較。

　　一個有關生物材料領域的特定問題。生物材料包括能夠自我直接或間接複製的材料，除非該生物材料的問題是已知且現有，可以由已知的程序很容易地生產，沒有不適當的實驗，書面討論通常是無法解釋如何獲取它的。這個問題可以採取公開照顧的生物材料，存放在經批准的保管條件下，這將使它產生一次的專利問題。如何使易理解的，然而，不給任何人權利去侵犯專利。在這種情況下，當時它是重要的生物材料存款的申請提交，且由經批准的儲存地，申請是指特定的接入號碼的生物材料。該說明還應該包括任何生物分類資料。

　　專利申請包含公開核苷酸或氨基酸序列中，所要包含一個公開的標準符號序列和序列數據格式，並提交序列數據的電腦可讀形式。一個輸入電腦程序稱為專利輸入，這是基於作者輸入對提交方案為滿足需求經過專門定制。自美國專利商標局，專利輸入是有效的，該作者輸入方案是一個輸入方案提交到基因銀行，由國家衛生研究院基地生產序列數據信息。這些規定的目的是要提高質量和效率的審查過程，推動符合本科學界使用，和以電子形式提高序列數據的傳播。這些要求也嘗試在部分私營機構和美國、日本和歐洲專利局之間規範使用的符號和格式序列信息。

　　對於涉及電腦程序申請，公開應包括程序本身或者至少是一個闡明序列的計畫流程圖。即使一個公開的流程圖可能會受到審查員的質疑，特別

是如果操作說明很普通或非常複雜。

電腦程序清單超過 10 頁可以以微縮膠片的形式提交，由於許多方案的長度，一個特殊的規則（37 CFR 1.96）已經頒布。

無論是在一台機器或無關機器的（物件或來源）程式語言，它可以使電腦執行所需的任務，如解決問題、規範工作流，或者控制或監視事件。一般程式說明必須出現在說明書本身，而參考的程序列表可出現如同縮微膠片附件作爲規格並納入說明書。

電腦 10 頁以內的程序列表必須以文件提交而且將印製成專利的部分。那些 11 頁以上則（最好）以文件或縮微膠片提交。一個以縮微膠片提交的專利申請被稱爲「縮微膠片附件」，必須多確認專利的頭版，雖然它不是一個印製專利的部分。「縮微膠片附件」定義是包含多個完整的縮微膠片。該說明書中的聲明，包含縮微膠片附件必須出現在說明書的開頭，緊隨著任何交叉提到的相關申請。

電腦產生信息的附錄必須按照美國縮影協會或美國國家標準協會中縮微膠片的型式標準提交專利申請。

有時在化學應用遇到的一個問題是使用標記來識別組合或過程的重要材料。美國專利商標局認爲標記無法充分的提供一項發明的說明，因爲材料成分的標記可被隨意的更改或改變。

不過，商標的使用結合一般化學物質的識別或足夠依據其某些實例中的物理性，能提供了充分的揭露以滿足 35 U.S.C. §112 供應的權利授予。對於一個充分的商標，在提交申請時最低程度要求爲某種特定的材料，必須由一個熟習該技術之人士依照說明規定中製作，或者在提交申請時它必須是熟習該技術之人士都知道的。

說明書也必須教如何使用它所描述的發明。在毒品案件中，美國專利

商標局拒絕接受一般滿足這種教學需求的實用性聲明。一般包括那些聲稱藥物或治療性目的或生物活動性的聲明已經被認為是不能接受的。在這種情況下為了滿足教學需求，有必要提出更具體的用法如治療某種病痛或疾病，它也應當公開精確的劑量和治療方法。

除了需要一份實用性聲明，美國專利商標局也可能需要一份實際上化合物在特定目的是有用處的證明，證明的程度需要取決於有效實用的類型，例如最高程度實用性的證明通常需要對那些所聲稱的效果，似乎違反既定的科學原則和信念發明。另一方面，通常特性是可以從它們的成分知識中預測的，只需要一點或不用臨床證據。大多數藥物的安全性證明，美國專利商標局可以要求鑑於法庭承認有較大的侷限性，這是美國食品藥品管理局認為有責任在銷售前確認藥物的安全性。

鑑於專利和專利申請的特殊性質需要，用來描述新東西的單字可能不存在，發明者作為他或她自己的詞典編纂者，只要使用的語言不違反普遍能接受的涵意，這是被容許的。

五、專利編號

專利編號必須放置在專利產品上，隨著產品被賣出，這是為了防止擴大專利侵權的金錢損害。專利標示與侵權賠償金的起算日有關，否則的話，若受到專利保護的產品未經適當的專利標示，則賠償金只能以侵權人被告知侵犯專利後為計算基礎。

但是要求加註專利號碼只限於商品，關於學術文章或是非實體的研究行為則無。

此外，加註專利號碼於商品上必須小心，否則錯誤的專利標示會導致受罰。

六、相關專利申請的類型

申請美國專利的人可能因申請的專利性質不同，而申請各種不同的專利案。例如該專利可能是母案、劃分案、延續案、部分延續案及重新發行案等。

母案指的是一連串的專利案的起源案。而劃分案指的是當某一件專利案正在審查中且尚未做出決定時，申請人此時送出的申請案，該案的內容可能有部分與正在審查中的申請案內容有部分類似，或者是對原案的部分訴求提出控訴。有效的劃分案日期是由原案或是母案的申請日期開始計算。劃分案可能是由競爭對手或是專利事務所或是原發明者提出。

延續案也是指當原專利案正在審查中尚未做出決定時，申請人此時送出的申請案，該案的內容為正在審查中的申請案揭露的內容相同，並且具有相同的發明。與劃分案相同的是，有效的延續案日期是由原案或是母案的申請日期開始計算。延續案可能是由競爭對手或是專利事務所或是原發明者提出。

部分延續案也跟延續案一樣是指當原專利案正在審查中且尚未做出決定時，申請人此時新送出的申請案。然而，部分延續案的內容是原案未提及的，或是特別指出要刪去原案某些事證的申請案。部分延續案的有效日期則由原案的相關訴求是否支持而定，如果原案的訴求足以支持部分延續案的訴求，那麼其有效日期就從原案開始計算；反之若原案的訴求不能支持部分延續案的訴求，那麼其有效日期就是部分延續案申請日。

而重新發行的案就如同前文所言，是用來修正原案的部分錯誤。如果重新發行案被當作專利，那麼它將取代原案成為新的專利，而其生效日期就與原專利案相同。再核准的專利案號會產生以 RE 為首的另一個號碼。

(一) 模組

美國專利商標局可以要求申請人提交一個發明的模型，在上個世紀，模型經常用來提交專利申請，但如今，辦公室只有在提交沒有模型無法實現的申請時會需要模型，他們發現這是處理這類申請最簡單的方式。

(二) 專利圖樣

如果發明的性質像自己提供圖示，那麼圖就變成申請的一部分需求。發明需要的圖是針對那些機器、物品的生產和某些程序。這些圖是不需要按比例繪製的，因此，如果尺寸或空間的關係是重要的，這些都是應該在說明書和／或圖中明確規定，該圖也必須在說明書中描述。

有關紙張的大小、類型、邊緣和所有在這些圖中所使用的交叉排線有一些非常特別的規則，如果顏色是需要用來增進發明的理解，那麼圖就可以塗色。

(三) 最佳模式

該說明書要求包括由發明人打算實現發明的最佳方式。這並不意味著必須公開任何絕對的觀念中實現發明最好的方法，而只有由發明人設想最好的方法。這項規定還涉及到提交申請的時間點，而且當一個新的最佳方法其後由發明人設想時是不需要被更新的。

這最佳模式公開的要求是為了防止發明從得到專利保護的好處，同時他們又自己持續隱瞞公眾，以首選的方式來實現該發明。公開的最佳模式以及啟用如前所述的需求，代表的動機是給予發明者交換專利授予權利的利益（權利排除他人製造、使用或銷售該發明）。

在事件中，一項規範若不滿足 35 U.S.C. § 112 的要求，專利就可被認為無效。此外最好的方式是刻意隱瞞，因為欺詐的問題可能對美國專利商

標局有害。

七、專利範圍

專利範圍或專利的所有權代表專利範圍之界定能被保護。換言之，如房地產的權狀指出專利權所有人認為他或她自己的領土，和任何侵犯該特定領土（如房地產）構成了侵權。專利的所有權可以被看作是保衛發明的字眼，重要的是不要混淆這種專利範圍和技術所有權聲稱的利益或好處。

35 U.S.C. §112 的第二段陳述了專利範圍的用途，其基本功能為指出、定義和清楚地把申請人認為他或她的發明奠定為主題，但不一定要描述這發明的任何重要細節，這描述的部分是執行此功能的規範。事實上，描述部分的規格和部分的所有權主要區別在提交每一個細節的程度，尤其所有權通常省略提起不必要的功能，而且只要有可能，試圖利用通用的表達方式來描述發明要求的特定元素，而不是在規範中用更特殊的語言來建立。

然而重要的是要認識到，儘管得到最可能覆蓋一般要求的可取性，當該發明得到充分的保護，較低範圍的不同要求也很重要。潛在的侵權者更難以一個一般的要求去設計迴避一個具體的要求，但後者比較難廢止現有技術的條款。另一方面，一個具體的要求是比較容易設計迴避，從而比一般的要求更能避免文字方面的侵權。

它有助於達到特定範圍和中間範圍兩者的所有權，以迴避專利可能失效的通用權利或要求。在這種情況下，能夠建立較小範圍的有效侵權索賠可能是很重要的，因為這種所有權往往是任何唯一的商業價值。這就是為什麼要建議特定的專利範圍陳述發明的最佳或首選的體現，在部分說明書中描述有更充分的發表。

所有權必須被寫成一個簡單的句子。事實上所有權是完成句的述語名詞，「我（我們）所有權是……」或者「要求的是……」。

一般來說，所有權由三個主要成份組成，第一個可以稱為介紹語或前言，其次是轉折詞，然後是所有權本身。

(一) 專利範圍之前言

專利範圍的介紹語或前言固定了專利範圍其餘的階段。它可能只是一個有關於發明的一般性聲明、發明的題目、或者是屬於發明的一般類型。介紹語可能還包含用途、對象、目的或發明優勢的聲明。

前言或介紹語根據特定的相關發明、現有技術和前言的目的可作為一般的或具體的請求。

一般而言，前言只被認為是介紹性的，而不是一個從現有技術中區分出發明的因素。然而在某些有限的情況下，前言是可以幫助從現有技術中區分出發明，尤其是它可以給你敘述在所有權本身中的生命和意義，它也可以清楚呈現一些所有權主體的聲明。當一段在所有權主體的陳述是提到它和至少一部分其主體涵意或意義的關係，前言可能變為重要。當所有陳述在所有權主體的功能發表，提及一個單一的現有技術，然而前言不會提高發明的專利性，即使陳述在前言中的特定技術領域是完全不同於現有技術參考所提到的情況。換句話說，所有權主體應該包括一些東西或略有不同於實際上發表所提及的任何一項現有技術。

當陳述在前言中發明使用的領域是不同於現有技術條款，但它的結構和現有技術是完全一樣的，前言不能從現有技術中區分出發明的專利性。

同樣地，當所有權過程中的方法是針對不同於現有技術發表的使用方法，但每一個採用的物理步驟是一樣的，從現有技術區分出發明而言，前言是沒有價值的。除此之外，當前言只是陳述現有技術組成的固有特性，

他們未能提高專利性。

(二) 專利範圍之轉折詞

　　專利範圍被認爲是開放性（包含）或封閉性（不包括）的程度是由它的轉折詞決定。這是一個重要的區別，因爲另外的一個組成部分或步驟中，沒有明確地陳述封閉式專利範圍可避免其字面侵權。另一方面，在一個開放式專利範圍中，額外存在的成分或步驟沒有在專利範圍中明確陳述，將未必能夠避免其字面侵權。

　　專利範圍被認爲是封閉式的是「consisting of」和「composed of」，這些術語指的是一些存在的東西或添加不同於在專利範圍中的陳述，將避免其字面侵權。

　　專利範圍被認爲開放式的是「comprising」、「including」和「containing」。當這種文字被使用時，納入的步驟或成分沒有明確地陳述亦未必能夠避免專利範圍的字面侵權。

　　專利範圍作爲完全封閉式或完全開放式這是沒有必要的。尤其是存在的慣用語「由……所組成」，通常是解釋爲專利範圍不僅涵蓋了所述之程序、合成物、物品，或設備的成分，也涵蓋了任何其他的要件，只要後者沒有顯著的影響這些成分明確陳述的主要功能或相互關係。如果材料、組件或者步驟被加到那些通常這種被討論中的題材使用所陳述的類型，那麼侵權通常是很容易建立的。

　　下列的轉折文字可能會影響一個專利範圍的字面侵權：如果專利範圍包含以下一句話「一個成份由 A 和 B 所組成」，包含 A 和 B 也包含 C 的成份在專利範圍上將不會造成字面侵權。另一方面，如果專利範圍改爲以下這句「一個成份包含 A 和 B」，那麼一個包含 C 也包含 A 和 B 的成分在專利範圍上將造成字面侵權。最後，如果專利範圍寫道：「一個成分基

本上是由 A 和 B 所組成」，決定是否把 C 加到包含 A 和 B 的成分而在專利範圍上字面侵害，將取決於 C 影響在 A 和 B 之間的相互關係。

同樣地，術語「consisting of」、「composed of」或「consisting essentially of」可能被專利權人用來從現有技術中區分出發明。

(三) 專利範圍之主體

專利範圍的「主體」為提出什麼是它的結構要素。這些要素包括舉例、過程的步驟、成分的組合，或者機器或裝置的零件構成發明的首要課題。該專利範圍的主體所指定的結構、元素之間的空間關係和零件的相對數量，可能是重要點出的主題。

專利範圍的要件被陳述在實際結構、材料或程序行為相關的形式是沒有必要的；或者，他們可能會用「方法」或「步驟」來遵循一個要由通過「方法」或「步驟」來執行功能的描述。依靠這種語言手段和功能可能比具體的結構化語言更令人滿意，因為它更為通用且能夠覆蓋結構、材料，或行為，將被更具體的結構化語言排除。

有人建議如「大約」和「近似」的術語使用在陳述數量、距離，或空間的關係，因為這些術語可能提供更大範圍的解釋專利範圍的廣度。

稍微類似的功能性語言，偶爾可以用來定義材料的相對數量或者組件或設備的元件之間的相對空間關係。這種語言可能可以在陳述物質特定的預期效果時使用。

在專利範圍中陳述組成的成分，有時是重要的聲明，作為一組被認為相當於該發明目的或其中一個特定功能成分的替代品，即使該組不屬於一個公認的化學群組。

(四) 專利範圍之形式

專利範圍的主題可以採取一個過程、設備、物品製造或組成的形式。

除此之外，通常被稱為混合式專利範圍的主題可採取這些任意組合的形式，一個權利要求可能包括某些設備的陳述，或者設備的專利範圍可能包括有關於材料被設備處理的陳述。一般情況下，這種混合式專利範圍的專利性將只取決於這些現有技術的專利範圍中首要主題的差別，而不是在於次要陳述的不同，一個與設備陳述一起的權利要求，其專利性主要取決於這過程的步驟，而不是在設備陳述上。同樣地，包含正在設備工作的材料陳述，其設備專利範圍的專利性將取決於設備的結構而非被談論的材料。

　　有時在化學案件中所發現混合式專利範圍的一個特定類型，被稱為是產品程序權利要求。它是在製作所提及產品的特殊程序中，用來定義所使用過物質或材料的成份。這種專利範圍的專利性取決於該產品是否不同於現有技術的產品，而不是在於該程序步驟是否不同於現有技術的程序。當沒有其他看似方便的方法去定義這不同於現有技術產品的產品時，該產品程序權利要求變得很重要。由於產品的性質，除了參照過程本身之外，與現有技術的差異可能難以界定。此外，當描述該產品的方式不是完全正確的可能性存在時，該產品程序權利要求變格外重要。

　　未來工具包配件的形式或作為一個分離、但元件互相有關係的測試包，它們有些發明適合商業化。在一個工具包的形式中詳細說明各部分的相互關係，聲稱這種發明可以變成所有權。

　　由於開發新技術的發明，是不需要被限制在先前發明中的任何一種類型，事實上，他們可能要求在任何數量不同的方法中。例如開發一個物質的新成分可能不只造成有關成分本身的發明可得到專利，而且也給了製作它的過程、被用來實現它製作過程的設備、使用它的過程或製作方法、包含它的完成品……等等，因此任何數量的專利可能從任何特定的開發得到。事實上，試圖製造很多不同類型的專利範圍來聲稱一項開發，這是可

取的。這點很重要，因為一個專利範圍的多樣性可以包含各種不同類別的直接侵權，而且它控告侵權者，而不是另一個鑑於有關潛在的恢復性和／或便利性的人，可能更令人滿意。舉例來說，像是能夠起訴成分的是製造商而不是用戶，尤其是如果用戶是個別的消費者和／或你自己的客戶，這肯定會更令人滿意。此外專利範圍的某些種類可能會比其他的種類更難以考慮到現有技術的無效性，因此套期保值對照可能有效的保護所有損失。

所有權能以附屬形式或獨立形式撰寫。「附屬形式」是指所有權可參考一個或多個先前的所有權陳述，在所有權或專利範圍中包含一切事物的明確規定。「附屬所有權」進一步地定義它所附屬的所有權，包括更具體的陳述或沒在先前的所有權中陳述過的額外元素。

專利或專利申請的每項所有權被視為是一個單獨的發明，而且就其專利性和有效性方面來審查它獨立於其他所有權。在申請的審查期間，審查員在一項申請中拒絕一些所有權卻允許其他項時，這並非罕見的。同樣地，法院可以找到一些有效的所有權，同時也尋找其他無效的。

八、均等論

在事件中的被告系統、成分，或過程不會字面侵害到專利範圍的語句時，但還是有可能侵犯到建立在被稱為「均等論」中的項目。尤其是，當被告的侵權行為在本質上使用相同方法，以及大致相同的事物和實現如專利所有權中大致相同的結果，仍然可以造成侵權。儘管從文義上迴避了所有權的表達方式，但卻沒有避免侵害於「均等論」。該報告指出：

> 但法院也承認，允許模仿不是複製每個文字細節的專利發明，將是轉變專利授予的保護給一些空洞和無用的東西。這種限制將認識到實質鼓勵的空間，讓缺乏道德的複製者在專利中

變得不重要，而且沒有實質內容的變化和替代性，雖然這些點沒有存在就足以使複製的問題隔絕在專利範圍之外，也因此在法律達到的範圍之外。一個非法翻印發明的人士，就像非法翻印受版權保護的書籍或劇本的人，可能預計採用較小的變動來掩飾盜版。直接和坦率的複製是一種非常罕見的侵權類型。

此外，法院接著說明：

> 緩和嚴苛的推理方法和避免侵權者竊取發明的利益，當它以大致相同的方式執行大致相同的功能、獲得大致相同的結果，專利權人可以實行這些原則來處理這些設備的生產者。

法院接著說明，均等論必須根據案件中的專利、現有技術和特定情況的上下文來判定。

如何結束一個可以得出這樣專利所有權的文字表達方式，而不被發現侵權，已經在美國專利商標局取得專利時，均等論必須確定現有技術和程序的背景。利用這些訴訟程序來限制保護的範圍在所有權的文義表達方式之外，被稱爲「申請過程禁反言」或「審查檔案禁反言」。尤其是在美國專利商標局中，申請人放棄以獲得專利，不能從以後均等論的申請奪回。

因此在專利申請起訴的時間，任何所有權的修正案或具體爭論可能會影響到法院所保護的範圍，其中很可能屬於專利範圍。此一判斷方法已使假設的專利所有權形象化，足夠覆蓋被告行爲的文義範圍。關鍵的問題是假設性的所有權在現有技術是否可以被專利商標局允許。如果沒有，那麼不應該允許專利權所有人由均等論的方法得到保護的範圍。如果假設的所有權可以被允許，那麼現有技術就不是一個在均等論下侵權的限制。

「均等論」的相反已經被稱爲是「反均等論」，這種原則指出，即使當被告謀略如何減少侵犯到專利所有權中的文義表達方式時，如果被告在

與專利裝置明顯不同的方法上操作，那麼侵權不會被發現。換句話說，當被告侵權至今已改變一個謀略的原則，它的所有權在字面上的理解有停止呈現實際的發明，那麼侵權將不會被發現。

九、宣誓及聲明

欲完成申請的要求，由發明人簽署的聲明及宣誓是必要的。聲明及宣誓不需要與最初的申請書一起提出，但必須在美國專利商標局通知後的一個月內，提出這樣的申請，或者在最初申請時的兩個月內，以最後的時間為準。這底線能因為繳了延期費，而延長到四個多月。

聲明和宣誓的差別只在於格式。宣誓需要在公證人公開前簽署；而聲明代替這樣的證明，必須包含下列所述：

簽署進一步聲明，所有由自己學問中作為的聲明是真實的，而且所有由資訊和能被信任的看法作為的聲明也是真實的；由此可知，故意作出不正確陳述，根據 18 U.S.C. §1001 是能被罰款或處以監禁（或兩者兼俱），也因此故意作出不正確的陳述可能危害到申請的有效性和關於專利的發行。

當發明被簽署時，宣誓和聲明必須包含發明者的本名、公民身份、戶籍地址、通訊地址和日期。宣誓和聲明必須在五個星期內、加上郵寄時間、相關的簽署，或其他新的聲明或宣誓所需的時間內提出申請。

先前簽署的聲明和宣誓，發明者必須審查和理解該申請。此外，在申請人簽署了宣誓或聲明之後提出申請的申請書不能更改，但這不表示不能由書面修訂案來改變，只要他們不在專利中引入新的內容，這樣的更改是可允許的。一份簽署聲明或宣誓的正本必須在美國專利商標局提出申請。

申請宣誓所承認公正公開的責任應該歸於美國專利商標局，這種公正

的義務需要將所有關鍵的資訊給申請的調查，其中當申請人和與申請人有利益關係的人知悉關鍵資訊，就必須向美國專利商標局揭露。適當的審查員將在那些被認為是重要資訊的所有可能性中，慎重的決定是否允許該申請發行成專利。

在行使這種公平義務和揭露責任時，下列為專利律師或執法官準備的信件和問卷，對得到必要資訊和相關責任的重要性是有幫助的。

A.揭露信件的義務

親愛的發明者：

我們已經要求準備一個有關上述認同的主題，且要在美國提出的專利申請。

根據美國專利商標局中法律和規則的要求，專利申請人有揭露資訊給專利商標局的責任，這對專利申請的調查是關鍵的。

當專利審查員在決定是否允許專利的所有權中考慮資訊的重要性時，其資料可能是非常關鍵的。例如有關現有技術的資訊，和你發明聲稱的專利性上有一些關係，包含：(1)先發表的文章、專利、產品宣告、技術報告、演講，或其他已公開的材料，爭論你的發明或者想被認為和你的發明有關；(2)任何公開的使用或揭露你的發明、設備或方法，將被認為和你的發明有關；(3)任何拍賣或提供產品的銷售中，包含你的發明或引用你發明中的方法製作；(4)任何商業化機器是改善你的發明；(5)任何從事相關工作的人，例如同事，擁有你的相關知識。

揭露不適當的資訊可以在專利局造成詐欺指控，而且在專利中宣告可以造成不能強制執行或無效性，或者受到申請人欺騙的刑事罪。除此之外，一個試圖執行這樣專利的人可能需要支付三倍的損害賠償和律師費給其他人。也正因為這樣，讓專利商標局意識到，最相關的現有技術顯著增

加了專利在法庭上堅持起訴的機會。

據此，請審查並完成下面附上的問卷。

問卷	YES	NO	解釋
該發明是否已經給其他人看過？	☐	☐	
該發明是否已經被其他人使用？	☐	☐	
該發明是否已經用在製造業的程序中？	☐	☐	
該發明是否發佈和／或包含在現有產品中？	☐	☐	

問卷	YES	NO	解釋
該發明是否進行過實地測試	☐	☐	
發明者的名稱是否正確？	☐	☐	

識別其他人可能有關的工作

識別可能與發明有關的產品

識別可能有關的印刷品和專利（美國和外國的）

任何其他可能有關的資訊

日　期

B.提交專利申請給發明者的型式

請詳細並認真回顧專利草案與專利聲明書。如果確認內容正確無誤，請在專利聲明書上簽名與押按日期，隨後將該聲明書回報給我，以便發送給美國專利及商標局。如果需要變更聲明書內容，或是您有任何疑問，請向我聯繫。

依上述思維，請謹記以下幾點：

1. 在簽署任何專利聲明書之前，請詳細閱讀並確定已充分了解整個專利申請的內容。

2. 在專利申請書裡是否已詳細說明經申請人仔細衡量後，認為可實

現發明的最好方式。

3. 公開之內容是否足夠使該領域之熟悉技術者實現其發明成果。

4. 如果有發明者的姓名被遺漏，或是在專利中不希望將某人的姓名列入發明者，須盡速告知。

5. 此外，附件裡是你先前在我們提出專利申請期間所完成之問卷副本，請詳細回顧。如有任何更動請盡速告知。

十、美國法定發明登記

從 1985 年 5 月 8 日起，美國專利及商標局因應某位專利申請人的請求，頒布了「法定發明登記」（Statutory Invention Registration, SIR）。SIR 與專利的不同處在於 SIR 除了滿足 35 U.S.C. §112 與非正式印刷以外，無須經過驗證即可直接頒布。藉著申請 SIR，申請人可以在專利申請審查過程中要求公開並放棄專利權。

SIR 不像專利權一樣可以保證製造、使用、販售該專利之獨家權利專屬於擁有者所有。但是除此之外，SIR 仍擁有與專利相當的特質，然而，也包括了參與衝突程序的能力。並且自其申請日期起，即可被引用當作現有技術之參考資料（prior-art reference）。根據巴黎公約規定，SIR 能夠在當成申請國際優先權的基礎。

法定發明登記由美國專利及商標局公報正式發表，並且採用與專利權一樣的方式發行。只是在專利號碼前以英文字母「H」作為區別。

SIR 最大的好處在於建立一項優先的權利，用來避免他人申請到的相關專利妨礙自己的研發，因此將技術公開，使得別人無法取得專利。雖然直接將該技術相關內容早一步在印刷媒體上公開會比較有效率，但是 SIR 卻是一種較能被專利審查員查詢到的資料。

除此之外，SIR 由於可以當作專利衝突時裁定誰是最先的創新者的依據，因此是一種為了排除別人申請到相關專利的手段。

十一、專利申請的起訴

(一) 要求獲得申請日

當申請文件送抵美國專利及商標局時，剛開始文件上將被蓋印日期，並隨後送去審查，決定該文件是否滿足專利申請的要求，通過上述條件後才能在後續獲得正式之申請日期。特別是如果專利文件敘述夠完整，包括一個詳細敘述，至少有一項請求項，也可能是繪圖（根據涉及的發明類型），以及指定的發明者，那麼專利文件便可很快通過審查獲得專利申請正式日期，並且該日期和專利序列號將被提交給定。專利序列號是用來判別專利申請中的所有相關文件。如果最初的申請文件沒有包括申請人的宣誓或聲明，或是申請費，那麼一項非正式的通知將會寄給申請人，提醒申請人補齊上述資料。申請人可以在寄出最初的申請文件後再補上申請人的宣誓或聲明文件或是申請費，即使最初的申請文件已獲得專利申請正式日期，該日期亦會被保留。申請人的宣誓或聲明文件或是申請費的補件必須額外附上 60 或 120 美金的附加費用以獲得專利形式。補件補送的最晚時程是以最初的文件獲得正式之申請日期之後的兩個月為限。

如果可能的話，建議當申請人提出申請時，也可將該申請文件中引述之前案技術影本附上供審查參考用。美國專利及商標局建議上述的引用資料，最晚能在獲得專利申請正式日期後的三個月內送交。關於放上參考資料的影印本，在專利申請程序中並非必要的要求，而只是建議而已。既然這個是申請人必須向美國專利及商標局揭露的義務，在愈早的階段完成，愈不容易遺漏相關的現有技術文件。此外，這項必須揭露的義務將一直持

續至整個專利審查期間，在審查期間若有新的資訊被提出時，將會被美國專利及商標局注意到。為了確保這項揭露義務被確實遵守，專利申請人以及牽涉至專利申請程序中的人員都必須被告知這項義務，更好的是在撰寫或是要求提出前案技術文件時告知這項義務。除此之外，最好列舉出關於申請案中列名的發明者是否除名或是增列等問題。

(二) 申請人的回應

在申請人提出選擇要求給美國專利商標局的回應中，可表示自己對於此限制選擇要求的態度，並提出說明或證據或指出審查委員的明顯錯誤。即便是要求選擇的程序已完成，申請人仍舊可以直接向美國專利局提出訴願書駁回專利審查員所提出的選擇要求，並放棄這項要求。

上述相關的業務，應以書面形式與美國專利商標局進行，或是以書面形式確認是否應該在口頭會議中討論該訊息。此外，要注意的是所有對美國專利商標局的回應必須在其規範的截止日期或是延長後的截止日期內進行完成，否則將會視同放棄該專利申請案。如果想要重啟一個被放棄的申請案，該申請案必須在一年內開始，而且為非故意放棄的，以及繳交 1050 美元。另一方面，若專利申請案的放棄是不可避免的時候，仍舊可以對美國專利局提出訴願並繳交 62 美元，恢復該專利申請案。相較於非故意放棄的申請案，如果該案的放棄是不可避免的，即便該案已經放棄超過一年的時間，還是有可能可以重啟案件的方式申請。

(三) 審查員對申請首次實質性審查

以下討論的內容為專利申請期間可能但非必然發生的情節。

通常專利審查員進行專利審查需要耗費六至九個月。專利審查員將再次審查文件中所有的訴求，並決定文件中的訴求是否滿足超過一個以上的發明。如果超過一個以上，專利審查員可要求只有其中一項訴求被認定為

本案的主要內容，其餘的訴求則列爲題材。若是其他的訴求爲本案主要訴求之支持證據，或是該訴求在目前尚未有其他專利定讞，該訴求可以與原案一樣具有相同的有效日期。專利審查員所提出的這種要求可透過電話或信件。由美國專利及商標局所發出的通信聯繫將會註明「Office Action」或是「Examiner's Action」。

(四) 審查的品質控制

少部分（3-4%）的專利申請案，在經過審查委員同意但尚未發表前，被要求需要品質管控小組進行審查，如果品質管控小組認爲該申請案並不適當成爲專利，那麼品質管控小組將會向審查委員提出報告。如果審查委員同意品質管控小組所提的報告內容，則審查委員有權中止先前的決定，並且寄出追加的審定通知程序通知申請人該案已被撤銷。反之若審查委員不贊同品質管控小組的報告，那麼審查委員可向品質管控小組進行答辯，說明不同意品質管控小組的理由。

假使申請人收到追加的審定通知程序，申請人有權依照先前內容提到的程序，向美國專利局提出上訴。

(五) 審查目的的分類應用

在所有專利申請階段的必要手續已完成，包括申請人的宣誓或聲明文件或是申請費，並且發出給美國專利及商標局的信件後，接下來將決定該申請案涉及那一種技術類別，以及該案將送往何處審查。

爲了達到審查目的，美國專利及商標局聘請了將近二千位由工程或是科學學門出身的專利審查人員審查專利申請案。該專利審查小組組織成三大工程類別：化學、電子、機械。各個學門再細分成好幾個獨立的小組，每一個小組再負責特定的領域，每一個領域再細分成好幾個技術組件。每一個技術組件由一位高級審查員擔任督導審查員。審查員的權利範圍與行

動的自由度將依據審查員的經驗決定，例如新進的審查員大多受到經驗豐富的審查員所監督。

當審查員接到申請案時，首先將審查申請文件的請求項，確定該案的分類與次分類。申請文件的請求副本將被建立在非相關分類以及該分類的專利衝突檔案內。建立專利衝突檔案的目的是判斷是否有兩件或兩件以上的專利申請案所訴求的內容相同，換言之，是否產生有衝突的申請案。專利衝突是美國專利及商標局所建立之優先程序，其主要目的為遇到專利衝突時，決定誰是最早的發明者。這種衝突通常發生在兩件訴求相同的專利案前後申請日期相差在三個月內，或是題材較為複雜時可能在六個月內。除此之外，第二件申請案如果仿造較早的申請案的訴求，也會產生專利衝突。

(六) 請求複審

專利複審法另一件重要的事項就是提出專利複審之程序。任何人，包含專利權人、第三方，甚至是專利局局長，在專利可主張專利權的期間內，都可將能影響該專利任一申請專利範圍有效性的前案資料，以書面提交予美國專利局。除非是牽涉到相當嚴重的公眾利益衝突，否則專利複審案幾乎不會由專利局局長提出。而可想而知的是，專利複審案可能是由商業競爭對手或是未具名的利益衝突團體所提出的。

重要的是，所提書面之複審請求必須包含：

1. 所被請求複審的每一申請專利範圍的確認，以及前案資料與所請求申請專利範圍間適切性及應用性的詳細說明，而若係由專利權人所提出者，亦可針對申請專利範圍與前案資料間的差異性進行說明，並對申請專利範圍進行修正；

2. 一份指出基於所提交前案資料所產生可專利性實質新問題的說

明；

3. 若為非英語的文件，應提供該文件中必要及相關部分的英譯本；

4. 一份包含首頁、圖示、說明書與申請專利範圍的完整專利文件，若該專利有放棄聲明、訂正、或複審證明時，亦應提供影本，上述文件僅能單面影印；以及

5. 若複審請求人為非專利權人時，一份複審請求人已將提出請求的認證文件影本完整地寄交給專利權人，該認證文件上應標明收件人的姓名及地址，若無法將文件寄交專利權人，亦應將完整文件的副本送交專利局。

6. 專利複審申請案必須附上州政府專利費用 2000 美金。

通常，修正案不會在專利複審命令出爐前被提出。這是因為專利擁有者（提出專利複審案申請者）通常會希望提出的既有資料被引註，但是有可能會因為專利要件中，無專利性的實質新問題而被駁回。

美國專利商標局在它的美國專利公報中，發表一則有關提出複審之請求的申請，該申請通常在提出請求日期後，大約四到五個禮拜內發表。公告包含的內容如下：

1. 複審之請求的名稱。

2. 提出請求的日期。

3. 專利的標題。

4. 專利編號。

5. 整個發明的名稱。

6. 在美國專利局中記載的專利擁有人。

7. 控制複審請求或委員依次實施的數量。

8. 被指定複審的審查團隊。

9. 在已分類專利下的類別和子類別。

從提出複審請求的三個月內，美國專利商標局只有在一個系爭專利之可專利性具顯著新爭議被提出時，才會考慮是否要安排複審。

在美國專利商標局判斷的事件中，如果系爭專利之可專利性沒有被提出具有顯著的新爭議，那麼將把未通過的複審傳遞給專利擁有人和專利擁有人以外的請求者。這樣的否決等同於說明該專利的所有權是比引用在請求中的現有技術還要早申請專利。該否決將包含現有技術提出可專利性具顯著之新爭議時，對引用失敗的原因作詳細的討論。

當複審被拒絕時，則向專利委員會請願，要求可以由請求者在被拒絕的一個月內提出申請。然而，這種拒絕的請願構成最終訴訟，而且是不可再上訴的。當請願通過時，將會安排複審。如果可能的話，該複審將由最初拒絕複審請求以外的審查員來進行審查。

專利所有人沒必要作任何準備有關於複審的事，直到被安排複審。

專利的官方檔案將包含任何複審之請求的判決記錄。

(七) 認可協定和複審

當認可一項專利時，包含是否在複審和／或重新發表上附屬一項條款為一個需要考量的因素。當適合認可的特殊情況，領到執照的人可能希望供應包含有檢察官注意事項的資訊，這可能影響專利的有效性，而且當領到執照的人犯了專利認可協定的項目時，那給了檢察官去提出複審或重新發表申請的機會。

因此新發現的技術偶爾會在認可協商的期間中出現，為了這個現有專利所要求的可專利性擁有美國專利商標局的規定，這對在認可協定結束前提出複審的請求或重新發表是有幫助的。

(八) 回應辦事處的動作

申請人通常有三個月的時間可以回應有關專利申請案的審查意見給辦事處。透過繳納必須的延長時限費用，以及提出請願要求延長期限，申請人可獲得自辦事處寄出當天後的六個月回應時間。在回應中申請人必須針對審查員提出的所有意見提出論述。回覆審定意見時，申請人會因為審查員的意見而必須有較多的答辯，甚至必須刪除或修改訴求項的時候。

在撰寫回覆審定意見書時，申請人與專利申請代理人必須保持合作與溝通，以便針對審查員之意見進行答辯。發明者尤其得投入心力在闡述與現有技術的差異性，並協助釐清審查員對申請內容的誤解。此外，也有助於代理人思考如何在取得專利以前保持其發明秘而不宣，並且增進訴求項的價值。

在回應中，有時必須包含一份宣誓書或是聲明書，闡明現在的發明優於過去技術之處，例如舊技術的缺點或是商業上的成功應用，或有任何證據足以證明現在的發明有所突破，使專利申請案看起來比較有說服力。

更進一步的，若審查員所提出的現有技術資料與現申請案時間間隔不到一年，那麼回應中必須說明現在新發明與舊技術比起來是否更具有完整性。

除了書面的回應以外，申請人亦可經由電話或是主持一場與審查員的見面會談進行回應。然而在舉辦之前必須事先經由書面確認，而且審查員在會面完後必須填寫美國專利局所提供的書面表格，當作提供該次訪問的會議紀錄，並與其他書面回應資料一併附上交給美國專利局。

(九) 所有權的最終核駁和回應

當申請人送出回應後，該申請案將送回給專利審查員進行重新審查。若專利審查員對回應內容裡部分的訴求仍舊不同意，而與第一份辦事處的

動作有相同意見時，則另一份辦事處審視將會被送到申請人手上。此時該辦事處的動作將是最終核駁，若發明人仍希望繼續爭取申請案的獲准機會卻無法在答辯時提出受獲准的理由（亦即審查員無法同意該專利申請案的內容），則必須在最終審定書寄出的六個月內作延續審查申請或上訴到美國專利局等選擇。

最終核駁的階段申請人答辯的空間相當狹隘，在此時申請案的訴求項已不能任意修改或更動範圍，即便是申請人提出新的訴求要求審查，審查員亦有權利拒絕審訂。由於在最終審定之後修改訴求項不易被審查委員所接受，故通常採取的一種作法是由發明人提出宣誓書來證明發明之可專利性，但同樣的，若是無法提出適當的理由，審查員亦有權利拒絕接受宣誓書的內容。

十二、專利申請案的價值

審理某專利申請案的價值包括審查員的獨立檢索該案是否有人已經提出相同的專利申請。當審查員完成現有技術調查，並審查專利說明書與專利訴求符合各項正式文件包括 35 U.S.C. 112 後，審查員將準備一份通訊函，內容陳述專利申請訴求審議完成後的意見、該訴求作為新發明是否有足夠的專利性與獨創性、以及駁回或拒絕當成新發明的專利訴求的理由。

雖然新申請的專利通常會按照它們申請日期的順序來作為審查順序，但是有少數特殊的狀況可透過書面提出請願，說明該申請案需要加速審理。例如在書面中提出該項專利在特定領域中為少有且重要的，牽涉到相關產業未來的製造及生產，並且繳納政府請願規費。但是在這種情況下往往需要提出更完整的現有技術調查，足以佐證該專利申請書內的所有訴求均是有專利價值的。

專利申請案件若能提出請願，闡明該項專利內容正受到侵害，並且繳納政府請願規費後，可申請加速專利審理。但是在這種情況下往往需要提出更完整的現有技術調查，足以佐證該專利申請書內的所有訴求均是有專利價值的。

若有以下兩種情形則可免費申請加速審理：申請人有健康的問題無法撐到正常專利審查完畢，或是年紀老邁超過 65 歲以上者。

提出以下幾點優惠理由之一的請願，亦可免費申請該案需要加速審理：該發明明顯為可改善環境品質或維持人類基本生命需求的自然元素包括水、土壤、空氣；或是對能源發展與節約有重大貢獻的專利申請案。

一個牽涉到 DNA 重組或是超導體的專利申請案可提出加速審查的請願，但是必須繳交政府請願規費。

此外，某一新申請案可以經由提出請願、繳交政府請願規費、進行完整現有技術調查並提出詳實報告說明調查結果、同意縮減發明訴求數量至一個時可申請加速審查。

假使該申請案的主題為發明者的重要資產，或是因為調查期間過長會導致實驗結果差異太大，例如符合小規模個體的生化科技申請案，可允許臨時提出申請程序。

十三、衝突

在某種程度上，如果專利申請案中的訴求被審查委員接受其專利性，那麼審查委員會進一步檢索相關領域當中是否有正在申請或是正在進行上訴的案件與本案訴求的內容相同。如果有，而且其申請日期十分相近，大約 3 到 6 個月，美國專利局將採取所謂的牴觸審查程序。牴觸審查是美國專利制度特有的，和世界上其他國家不同，美國專利制度採取「先發明

制」，即不同的發明人就同樣的發明創造申請專利時，專利權授予先做出發明的人。在這個制度下，當兩個或更多的人做出了同樣的發明並且都向美國專利商標局提交了專利申請時，將會因為專利訴求內容相近而有所衝突，造成所謂的「衝突」，此時就需要通過牴觸審查程序，經過審定彼此的證詞與文件內容後，決定誰是先發明人從而能夠獲得專利權。牴觸審查程式與審理上訴案的方式類似，都是由訴願與衝突委員會指定三名專利行政法官組成合議庭審理牴觸審查程序。牴觸審查程序和民事訴訟程式相似，包括提出動議、質證、聽取當事人意見與當庭辯論，爾後決定誰是先發明人。

　　美國專利法下，一個人要證明自己是最先完成發明的人，需要證明他最先擁有了完整的發明。擁有完整的發明包括兩個要素，一個是所謂的構思，另一個是付諸實踐。因此，證明最先擁有完整的發明，需要提供證據來證明最早完成構思的日期和最早付諸實踐的日期。例如精準的文書紀錄，或者是非發明者之間的合作活動紀錄等都可以成為事證。牴觸審查程序起初是由審查長負責處理，先負責調查事證、時間點、雙方證詞。雙方當事人均得聲請於三名專利行政法官組成合議庭前舉行最後聽證會，進行言詞辯論。

　　如果當事人對訴願與衝突委員會的決定不服，可以向聯邦巡迴上訴法院上訴，也可以向哥倫比亞特區聯邦地區法院上訴。向哥倫比亞特區聯邦地區法院上訴後亦可以向聯邦巡迴上訴法院繼續上訴。向聯邦巡迴上訴法院上訴的形式就如同向最高法院上訴一樣。

十四、向上訴委員會提出專利的上訴和衝突

　　完成最終核駁後，審查員將再次審核申請案並提出建議書。在建議書

中，審查員將提出對於本案訴求的主張，而由此得到審查委員的諮詢意見，申請人可據此答辯或是修正。倘若建議書中包含了部分訴求的拒絕，則申請人有權可向美國專利及商標局的專利爭議委員會提出專利上訴。

專利審查人員將同時檢視申請人的上訴書與申請案內容。此時，專利審查人員可以決定同意原申請案中的訴求，或是維持不同意本專利權案的意見。而專利審查人員可以與他的上級監督者或是另一經驗豐富的審查員討論上述相關之爭議。假使會議中該名專利審查人員無法說服其他專利審查人員同意其對於本案訴求的修正，那麼本申請案此時將被同意。

假使專利審查人員維持不同意本專利權案的訴求，將發給申請人一份針對原上訴書的回應文件，名為「專利審查人員的答覆」，申請人所提出之答辯理由係直接交至原審查委員處，而內容亦僅能針對審查委員在答覆中所提出之新的爭議點及新的核駁理由，不可再回頭討論原上訴理由。

此外，在收到審查員答覆的 30 天內，如果有必要的話，申請人可能發出一項短訊告知需要召開一場口頭聽證會。這項要求需要付出 200 美金（小個體只要 100 美金）。如果沒有召開口頭聽證會的必要，三位專利上訴及衝突委員會的成員將組成指定重審小組，重新審議本專利申請案、上訴書所載的爭議點、專利審查員的意見、現有技術等文件資料，並提出意見與最終決定。

若申請人以書面要求進行口頭聽證會，而上訴委員會則於訂定口頭聽證之日期及時間後通知申請人。該口頭聽證之評審將由三位專利上訴及衝突委員會的成員組成，而原本的專利審查人員可以不需要（通常不必要）參加聽證會。

在一併考慮上訴書或答辦理由後、上訴委員會需對上訴案所有內容作出決定，包含有爭議的部分或是原本沒有爭議的部分。一般情形各委員間

會形成一致的共識，但也可能委員間會有不同意見相互溝通或無意見的情形，惟最終將由一位委員負責撰寫上訴的決定。

此上訴決定可能會全部或部分撤銷原審查的處分，或是全部或部分維持原審查的處分，或是將原案退回原審委員，重新就上訴委員會對於申請專利範圍任一已核准請求項提出新的核駁理由重新審理，或是提出申請專利範圍如依決定的內容加以修正，即可獲准。

如果上訴委員會聲明拒絕專利申請案中的訴求，而申請人若對上訴委員會的決定不服者，可進一步尋求司法救濟，而可採取的途徑有二：向聯邦巡迴上訴法院（CAFC）或向哥倫比亞之地方法院提起訴訟。敗訴的一方（申請人或是美國專利及商標局）有權向最高法院提出請願書，申請調閱下級法院案卷宗文件，重新審理此案。而從哥倫比亞之地方法院敗訴的一方卻可向聯邦巡迴上訴法院提起訴訟。向聯邦巡迴上訴法院與向哥倫比亞之地方法院提起訴訟兩者不同的是美國地方法院允許現場見證，並提供申請人有機會進行如同不曾被審理般重新審理的新審判，即所謂的「新的審判」（trial de nova）。然而在近年來，地方法院已逐漸限制專利申請案進行重新審理的類型。另一方面，上訴至聯邦巡迴上訴法院則必須依據美國專利及商標局已作成之紀錄。

向美國專利局申請專利的程序，包含上訴案，都被保障具有機密性，倘若該專利申請案未獲核准，其內容也可保證不會被公開。但是在某些情況下，聯邦巡迴上訴法院會考量將相關文件照相或是私下保存。然而，大多數的情形下，當美國專利局對一件申請案提出訴願時，該案的內容是有可能被大眾獲知。

十五、補貼告知

一旦申請案確定核准,申請人將會收到一封正式的「補貼告知」信函,並且被要求必須在三個月內支付發行專利的領證費用。一旦收到費用後該專利案將在兩個月左右於每個星期二發行,並且自發行日起有效期為17年。

於 1984/9/24 起,一項專利權回復法案正式上路,將有關人體臨床實驗、醫學藥物、食品添加、色素添加等的專利有效期限延長五年,以彌補聯邦食品及藥物管理局(FDA)在審核期間,專利藥廠無法對研發的新藥加以收益運用的限制,使專利藥廠的研發投資可得到合理回收、避免降低研發誘因。

此外,專利權回復法案於 1988 年將動植物性的藥劑納入延長專利保護法,期間可延長最多五年,以彌補動植物防疫檢疫局(APHIS)審查新藥時程過長,與病毒血清及毒素法的動植物實驗限制所造成的商業損失。

由美國印務局所發行的專利週報包含了每一件新發行的專利摘要、專利發明人姓名,以及權利轉讓人。該項公報也包含了美國專利局最近的活動訊息。

自 1980 年 12 月 20 日起專利的維護費用將自發行日起被要求支付。支付的時間分別是在專利第 3.5、7.5、11.5 年的時候。

十六、證書的更正

如果一份已正式發行的專利內容發現美國專利局犯了印刷上的錯誤,或是其他無關於美國專利局的小錯誤,那麼美國專利局將會發出一份勘誤說明,附在原本的專利文件後。

如果專利內容的錯誤並非美國專利局的印刷錯誤,但是這個錯誤對專

利內容不造成影響，那麼專利申請人可透過撰寫一份申請書要求美國專利局發行勘誤說明，這必須支付 60 美金。

十七、再發行

當專利核准並公開發行後，若有瑕疵、錯誤，或專利權人認為有必要修正或限縮專利範圍，都可提出再核准程序。縱然原母案即使已經核准，仍會進入另一次實質審查，但仍不能超出原說明書的技術範圍。同一件專利可以申請多次再核准的程序，但是之後核准的專利案號會產生以 RE 為首的另一個號碼。

若已領證專利有瑕疵、或是想要修正／新增較大或較小的專利範圍，在沒有新事物的原則下可以提出再核准申請案。此外，如果是擴大範圍的 reissue 申請案，必須於領證後兩年內提出，否則不予專利，但是其他的再核准案就沒有兩年的限制。

十八、再審查

專利複審制度是一種提供給第三者或者發明人本身若是提出基於能引出專利性的實質新問題之出版物或者專利前案，並經由付費後，可針對專利是否具有專利性的一種檢驗過程。審查委員將審視這些出版物和專利前案，倘若確實能建立專利性的實質新問題的情況，則美國專利局將命令一個專利複審程序的開始。而在專利審查委員作出裁決以前，專利擁有人無需做出任何回應。而除了專利擁有人以外，參與的人或團體也限制於先前技術的擁有者、撰寫回應者。而提出複審的第三者只有收到專利擁有者與美國專利局文件往來的影本，而無權參與複審程序。

從 1981 年 7 月 1 日起，專利複審制度開始實施。多數國家實施所謂

的第三方對某專利案可提出「反對程序」都有規範其日期。例如歐洲專利限定在專利授予後九個月內可提出反對程序。而專利複審制度則是規範了單方複審程序為主的相關程序，以增加專利的地位與加速專利複審的時程，並且縮減相關的成本。而且有鑑於部分新事證在專利授權後才被舉出，專利複審制度亦提供法庭或是社會大眾專利審查員的觀點。

十九、先行使用權

當某專利正在進行複審程序或是再核准專利之訴求與原先專利之訴求內容不同時，此時被告可能取得先行使用權，即在該專利變更權項範圍前專利所有人有關專利內容的使用與販賣商業行為得免除法律責任，除非該產品本身會對原案的專利訴求有侵權行為。

換句話說，在原專利正在進行複審程序或是再核准期間，製造、販賣及使用擴大專利範圍後的產品或方法，只要是沒有侵害到原案所核准的範圍，基本上還是被視為沒有侵權行為。

此外，法院會考量專利持有者在這期間所投注的資金或是物力，准許專利持有者將複審程序或是再核准程序前已作出的存貨售完。但是法院會設定一停損點，藉此保護原案與複審案或是再核准案不會有侵權的問題。

先行使用權一項重要的誘因，在於提供那些已作出商業決定或是已進行商業行為的專利行使人基本保障，使其不至於觸犯侵權。

更進一步地來說，法院必須同時考量專利擁有者與被控訴侵權者雙方的情況，而作出公平的裁決。

二十、反對案

反對案可以在申請案已得到專利編號後隨時提出。但假使反對案是由

非發明者或是擁有者的第三方所提出時，他就沒有權利參與專利案的審查。

此外，若有第三方熟知該專利案內容已在專利申請之前或是在本案提出申請日期超過一年以前已有了公開使用程序，反對案可由此第三方提出。如果公開使用程序是已創立的，那麼就必須舉行聽證會。第三方對聽證會的最後結果不會提出請願，但假使明顯的錯誤訊息或是處理被濫用，則專利局局長有權可以做出屏棄聽證會結論的決定。

二十一、現有技術的引證

專利複審法包含兩件重要的事項。其中一項就是允許任何人在專利的有效期限內引用美國專利局的專利或是公開出版的著作。訴訟者必須陳述其引用的美國專利局專利或是公開出版的著作是與專利案的某項訴求是有關聯或是可行的。而專利擁有者則得辯稱其專利訴求與舊的專利或是技術的差異性。

必要的話，提告者可以匿名提告，並且所提出的事證可要求美國專利局保密並不得歸檔。

雖然專利複審制度規定提告者必須提出相關證據，但是專利審查員卻可選擇不開載任何引述資料於文件中。

只有被美國專利局同意的專利或是已公開出版的著作才能在專利複審程序中作為證據，如果沒有，則美國專利局的審查委員可決定退回相關資料給提告者。

美國專利局亦建議引用美國專利局的專利或是公開出版的著作作為事證時，最好能提供相關的影本或是英文複本。另外，引用的事證並沒有日期的限制。

二十二、系爭專利之可專利性具顯著之新爭議

系爭專利之可專利性具顯著新爭議，精準地定義它所發展的範圍是沒有嚴格的指導方針。那些爭議如何被美國專利商標局詮釋，將浮現在逐項的基礎上。然而，製造一個表面看起來沒有獲得專利可能性的案件是不必要的。尤其是為了建立可專利性具顯著之新爭議的系爭專利，審查員不必去拒絕一個在現有專利中的所有權。然而，當可以由請求者提出一個案件來證明其表面沒有可專利性時，那麼可清楚地建立可專利性具顯著之新爭議，而且將安排複審。

每當引用現有技術，至少對一個專利所有權的複審有重要性，而且相同的爭議事先沒有被美國專利商標局裁定，那麼就認為存在可專利性具有顯著新爭議之系爭專利。當現有技術已事先被該局考慮為相同的或者是至少大致相同的時候，它將排除可專利性的所有權。現在存在可專利性具顯著之新爭議，這點要說服審查員將是相當困難的。在這種類型的情況中，在美國專利商標局指示複審之前還沒被考慮，這將可能對現有技術建立一些不同的爭議或解釋的存在性是重要的。

在一個可能沒發現含有現有技術的方面，可能在美國以外的國家要求起訴，及相像的專利申請有關的複審。舉例來說，先前的專利和被美國以外的國家專利局所引用的印刷品，在通常足以提出可專利性具顯著之新爭議而且極相似的專利申請中，拒絕了相同或相似的所有權。同樣地，現有技術依賴美國以外的國家法院，會使通常足夠提出可專利性具顯著之新爭議且相似的所有權無效。然而在現有技術中，實際找到美國的所有權具不可專利性，這不是必要的涵意；這僅僅表示複審之請求將被同意且會安排複審。

此外，列舉美國專利商標局使用的現有技術，在另一項專利中拒絕了

相同或相似的所有權，普遍將足以提出可專利性具顯著之新爭議。

在試圖建立存在可專利性之顯著的新爭議中，證明新引用的現有技術比先前所依賴的現有技術更與專利的所有權相關，這是有幫助的。

除了根據那些先前的專利和先前的印刷品之外的基礎，不可專利性在決定是否同意複審的請求時，將不會被考慮，這點是重要的認知。舉例來說，像是以詐欺的觀點，使現有技術在美國公開使用和在美國公開銷售。換句話說，當複審已經開始時，有關判決的發表會嚴格限制了先前的專利和先前的印刷品。

(一) 複審訴訟

複審訴訟和一般專利申請的審查非常相似，主要的例外在於，因為發送授權而達到最終判決時，被認為在其未結案。因此，給審查意見通知函簡單的回報將比正常的審查更重要。在兩個月的法定期間通常對這樣的回報有所規定。除此之外，因為現有技術的拒絕普遍是發生在現有專利和現有印刷品的基礎上，所以複審訴訟比一般審查訴訟限制了更多範圍。

完成一個複審訴訟時會發佈一個複審證明。因此當在複審一個專利時不提供持續的申請，這是重要的。專利擁有者儘快以最佳的型式為了上訴而提出要求，上訴應該變成必要的。

專利擁有者可以對美國專利商標局的專利上訴與爭議委員會上訴拒絕的要求，如果不滿這裡的判決，那可以再上訴到美國聯邦巡迴上訴法院或哥倫比亞地方法院。從哥倫比亞地方法院的上訴都是為了美國聯邦巡迴上訴法院。從美國聯邦巡迴上訴法院的上訴採取上訴許可令的型式給美國最高法院。

在複審起訴申請的期間，專利擁有者可以和審查員有私人或電話的面談，但是其他的請求者不必出席任何面談，即使專利擁有者邀請或需要他

們這樣做也是一樣。

如果專利擁有者沒有要提出的請求，即時回報給審查意見通知函，那麼複審訴訟將會結束，而複審證明書將根據在審查員在審查意見通知函中的調查結果上。

一份複審證明書包括下列幾點：

1. 確認任何專利所有權可被視為專利。

2. 由專利擁有者提出任何法定拋棄的內容。

3. 取消任何的所有權被認為是不可授予專利。

4. 部分的專利規格書中描述的任何改變，在複審訴訟期間是被許可的。

5. 結合任何修正的專利所有權或判斷可視為專利的新所有權。

6. 參考任何沒有修正過，但已經由另一個討論會在不根據專利或印刷品的基礎上認為無效的所有權。

該證明書會在發表的日期寄送給專利擁有者和請求者，而該請求者為專利擁有者之外的人。

在複審證明書中，所有由美國專利商標局取消的專利所有權，已經進一步的影響有關於專利，或任何重新發表的申請或者包含它的複審請求的辦公程序。根據發表的證明書，取消所有專利所有權，將永久地失去任何有關於專利，或任何試圖以提出重新申請或者另一個複審請求來再生它的訴訟。

一個總結複審證明書的公告，已經在專利公報公開了，這類的公告通常包含書目的資訊，每一個所有權的情況，比如說複審的結果、和整個專利所有權的副本。複審程序經常得出一個結論，而在原本審查程序的合約中，沒必要締結任何一個特定的申請，因為它可能還會再提出申請。專利

擁有者只有在放棄整個專利或者向公眾奉獻專利時，可以拋棄該複審訴訟。另一方面，在一般的審查中，專利擁有者可以放棄該申請，但是要在提出持續的申請之前這樣做，所以該起訴在持續的申請中將會是持續不間斷的。

然而在複審中，部分失敗的專利擁有者提出回報給審查意見通知函時，像在平常的專利申請中，不會導致訴訟的拋棄或終止。回報失敗或者太晚提出回報，會導致證明書於複審中最後的審查意見通知函的發表。根據已經被拒絕的所有權在複審證明書中將被取消，而還沒被拒絕的所有權將繼續維持。

取消如會導致複審的所有權，在任何後來的訴訟中相信絕對會遵守。

(二) 複審的裁定

當發現系爭專利之可專利性具顯著之新爭議是存在的，那麼將允許寄送複審的裁定，必須在發起複審請求之日起的三個月內，發送給專利擁有人和專利擁有人以外的請求者。該裁定包含全部所有權的鑑定、以根據先有的專利和先有的印刷品的相關發表，還有實際上支持每一個可專利性顯著新爭議的解釋。專利擁有者沒有權利去請願或請求、考慮同意複審請求的決定。

然而，在複審裁定過後的兩個月內，專利擁有者只要提出的修正沒有使所有權擴大或引入任何新主題，那麼專利擁有者可能會提出一個聲明或對他（她）的任何專利所有權的修正。在專利中，像這種修正案在已經完成複審訴訟和提出了複審證明之後，將不會有效。

任何由專利擁有者提出有關於這點的聲明應該能清楚的點出，專利的所有權如何在引用先有的專利和先有的印刷品上獲得專利。這種聲明的影本必須服務在需要複審請求的人，然而在這時候，專利擁有者提出像這種

的任何聲明將是不必要的。

如果專利擁有者提出此類的聲明需要兩個月的時間，那麼該請求者在聲明送達之日起的兩個月內提出回覆是被允許的。如果專利擁有者決定不那麼做，該請求者不會在複審中同意提出任何額外的聲明。

不同於專利所有人的請求者，不允許在已經提出了專利擁有者的聲明之後提出任何額外的文件。像這樣的文件將不被美國專利商標局公認。

一個不是專利擁有者的請求者，這個角色在複審訴訟中被嚴格地限制了。此類的請求者只是提供提出請求的機會，然後提出聲明的回覆給後面提出的那一個專利擁有者。當專利擁有者同意請求者使用任何其他步驟，請求者也不會同意，事實上，即使請求者被專利擁有者請求這樣做，結果也是一樣。然而，請求者將收到審查意見通知函的影本，而且在複審訴訟中，專利擁有者必須為專利擁有者所提出的所有文件的影本服務。

事實上，強烈要求和建議專利擁有者，在複審裁定後的兩個月內，對於此舉在專利擁有者察覺的情況下，還有可能對複審是重要的情況下，引用任何額外的專利和印刷品提出聲明。正如在任何專利申請審查的複審訴訟中，該專利擁有者具有這種公正的義務。

(三) 當決定複審或是否採取一些其他動作時相關的因素

複審法則對專利擁有者有很多項優點，不只因為提供非專利擁有者的請求者（第三者）非常有限的參與，而且還因為複審程序也限制相關的發表。可專利性具顯著之新爭議可能只根據現有專利和現有印刷品，但是一旦進行複審，就確定已經同意了其他發表的限制。

專利擁有者有時會有選擇再提出申請的自由，或者複審的請求，經由在先有的專利或先有的出版物中引用新發現的現有技術，作為一種加強推定專利有效性的手段。再選擇複審而不是選擇再發表的負面因素，為前者

不會提供持續的申請，而且經常導致包含在訴訟中。另一方面，再發表提供提出持續申請的機會，雖然相關程序可能更複雜，但他可能被更安全的替代，因為提出這樣的申請造成它可能修正了所有權，或者提出額外的資訊或證據，像是宣誓書。

當達到這種目標的一個門檻是很高的，跟特定的情況不同，然而，複審安排的程序將優先於再提出的程序，尤其因為複審是相當快且可專利性，經常可以在短時間內得到判決。因為複審限制了可以被提出的爭議，對專利擁有者來說也是最想要的形式。在複審中，先有的出版品和專利，還有某些其他限制的爭議，它們所有權的可專利性已經被涉及了。

因為在提出申請時也會有一些相關問題。例如詐欺、正式請求和正式拒絕。根據 35 U.S.C. §112 得到專利的所有權，和拒絕所有現有技術形式的所有權一樣，包括它在美國公開使用、在美國銷售和先有的出版物和專利，這些額外考慮的因素可以使再發表訴訟比複審訴訟更為複雜。另外，因為重新發表涵蓋到所有相關潛在的問題，所以他所揭露的責任不會只限制在複審中。

提出再發表申請時需要一份可信任的宣誓和聲明，而在複審請求中沒有需要這樣的宣誓和聲明。

這有些不一樣的情況，例如專利擁有者沒有提出複審要求的選擇，而只可以提出重新發表，反之亦然。尤其是要求放大原本專利所有權的範圍是不能提出複審。希望提出這樣要求的專利擁有者必須在原本專利被授予權利的兩年內，再提出重新發表申請，當有關專利性的爭議是根據先有專利和先有出版品以外的因素時，重新發表申請也是需要這樣的。另一方面，重新發表申請不適合在專利中有一些錯誤或過失（例如：規格書、圖和／或所有權）是確定的且試圖做出更正。

拒絕一個複審請求必須在提出審查請求的三個月內完成，沒有在重新發表申請中像這樣迅速的判斷。拒絕請求指的是，新引用的現有技術沒有提出可專利性具顯著之新爭議，和在新引用的現有技術上沒有可專利性的所有權。

因為在複審中，第三者的主動參與是非常有限的，所以它們對沒有再深入評估新發現的現有技術所提出的複審請求是很謹慎的。除非像技術清楚地表達了原本專利的不可專利性，那麼建議就不要提出請求。另外，第三方請求者應該評估現有技術的類型，是否能比審查員作為更簡單對法院呈現說明的考慮因素。在很多的例子中，關於作為可能如此複雜的主題，它將需要有經驗的證人來提供清楚適宜的見解。這種類型的情況將更正確的要求利用法院系統。

當第三者判斷適宜且還沒侵犯專利的現有技術，想要避免訴訟的風險，但仍然包含在相對價格低廉的裁決方式時，複審對它能更有幫助。另外，第三者決定採取這種方向，實際上可以不用冒著在任何位置改變的風險。舉例來說，即使當專利的所有權禁得起複審程序，第三者將沒有比它之前更糟的請求。

為了盡可能得到關於某人感興趣的專利提出複審請求的資訊，在專利公報中監視複審的公告是有幫助的。這樣做已經開始允許讓第三者有機會決定是否加入複審訴訟。

二十三、商業機密和商業考量

「商業機密」被定義為某種牽涉在商業活動中的配方、專利、裝置，或是編輯後的資訊的擁有權，擁有這項權利的人或團體可以凌駕於其他的同業競爭對手。在商業活動中使用可以被定義為無論是在商業廣告中，或

是獨門技術生產行為，或是前期商業化，只要是為了達到某一特定目的，都算是商業活動。

　　某些州所頒佈的法令甚至定義商業機密為具有意義的資訊，包括配方、專利、演算過程、設備、技術、方法，或是程序等。其特徵如下：

1. 需要受到保護而不得被公開的秘密。

2. 可以取得獨門的經濟價值、實質或虛擬的利益，既包括了現成、成熟的信息，即只要應用就可獲得經濟利益；也包括了某些階段性不完全成熟的信息，對權利人改進科學實驗或者經營思路具有重要價值，對競爭對手也十分重要，其本身蘊含著潛在的經濟利益，可以帶來競爭優勢。

　　此外，要將某資訊視為具有商業機密的資格就必須將該資訊嚴格保密，但是可以有多人共同知道這個秘密。事實上，其他人也可以藉由獨立研究或是發現某些關鍵項目而同樣的擁有這個秘密。然而對於被視為商業機密的資訊，除了藉由非正當手段獲取以外，要公開獲得這項秘密是有困難的。

　　商業機密持有者必須採取適當，但非必要特殊性的保密措施。此外，商業機密的內容與現有技術的內容不一定要像專利一樣必須具有太大的差異。

(一) 專利和保密

　　為了要使某技術的商業利益最大化，發明者常常得在申請專利或是保持商業機密之間作出抉擇。這樣的爭議一開始的門檻在於是否有作選擇的需要。舉例來說，如果某項技術內容即使被公開也不會對其商業價值產生影響，那麼維持其機密性就顯得沒有必要。同樣的，若是某件商品放在市場上公開販售，而任何人可以透過拆解研究，然後經由逆向工程製作出同

樣的東西時，那麼維持它的商業機密也就不是那麼具有必要性了。

製造方法或程序是所有商業行為中最值得受到商業機密保護的對象。例如，利用維護商業機密與適當的合約或是證照，就能夠保護某一電腦程式的商業價值。

有鑑於商標需求以及向主管機關（例如美國食品藥物管理局）申請商品上市時，必須揭露產品組成或是技術內容，如此一來商業機密的秘密性幾乎大幅降低。同樣地，技術的機密性會因為日益增進的分析方法而受到侵害。

(二) 維持機密

機密擁有者要維持商業機密的機密性，必須採取合理的保護措施，其對象包括自己的員工、商業往來者、私人的親友，以及一般外界的參訪者。

最常見與最基本的保護措施指的是物理性的防衛手段，例如圍籬、監視器、安全警衛等。但是事實上，為了保衛機密，許多超越上述物理性的防衛手段都會被採用。例如，對於外界的參訪者，記載其來訪日期、來訪時程、會晤的人物等是必須嚴格作業的。參訪可能具有機密性的工廠設施時，必須要由安全人員陪同。審制某些過分敏感的設施是謝絕一切參訪行為的。

在具有機密性的文件或是文字記錄上採用特別的標註有助於提醒文件接收者必須格外注意。此外，一般企業中會針對需要發行各種不同層級的出入許可給其員工，某些機密的地方或是資訊僅提供給必要者。

對於員工或是承包商，有時候必須用書面契約達成保密的協議。這種書面資料不僅是包含了在契約有效期間為了保護商業機密所必須遵守的事項，甚至包括了契約終止後所應遵守的事項。對於新進人員，甚至必須強

調他們所應遵守的義務或責任，尤其是針對前任雇主的商業機密。

此外建立員工或是承包商保密意識是十分重要的。例如嚴格要求不得擅自侵入他人的辦公室或辦公桌。而具有機密性的文件更應該妥當收藏在保險櫃或是上鎖的地方，不可以輕易留置在桌上，甚至過夜。

員工離職前的會晤是很重要的，因為可以確認員工已清楚了解即便離職後應當遵守的保密原則，也可以避免員工在未受允許的情形下將機密文件攜出。有的時後員工甚至被要求在離職以前必須簽署保密協定。

某些保密協定會限制員工離職後應徵的新工作不得從事性質類似的工作，尤其是其商業競爭對手。但是這牽涉到員工的工作權自由與商業機密保密的重要性，這樣的限制條款必須立法列舉其時間或地域上的合理性。一般來說法院不會阻止個人追求生存的權利。而也不是所有的員工離職時都必須簽署這樣的保密條款，而這樣的保密條款內容也隨著不同產業或是不同職位而有所不同。

而在散布或公開某些文件資料時亦必須經過內部審查，才能確保非故意性的商業機密流失。

(三) 商業機密提供的保護

比起可以被公開查詢到的專利權，商業機密更必須強調其智慧財產權的保護。著作權與營業秘密可以並存，原則上各自適用其法律上的規定，實務上兩者相輔相成，尚未產生優先適用之困難。專利與營業秘密，及專利與著作權則不然。

在美國，因商業機密為州法，而專利法為聯邦法，過去有許多人認為，聯邦專利法應優先適用。反之，如果商業機密保護被廢止，將會發生有害的資源不當配置和經濟浪費，從聯邦知識產權法所欲推動的任何政策目標來看，這種結果都是不正當的。

商業機密保護法提供的保護有別於專利法。兩者同樣都反對經由盜竊、利誘、脅迫或者其他不正當手段揭露未經授權或未經同意的商業機密。商業機密保護法並不會阻撓合法的獲取商業機密的手段，例如獨立的研究或是逆向工程。

另一方面，專利提供專利擁有者的保護除了反對未經授權的製造、使用、商業買賣外，亦不能免除獨立生產或販售同樣產品的相關責任，即便該生產製造過程未有竊取的行為也是一樣。

商業機密保護是適用於全世界的，然而專利保護法則是只適用於該商品在該國為專利授權產品。更進一步來說，取得專利及後續的維護相較於內部的商業機密保護是比較花錢。

與有生命週期的專利不同的是，專利權會根據法令規章的規定而有其生命週期性，期滿後將中止其效力，但是商業機密是沒有一定時間表的。它的機密性可能是恆久的，也可能會因為公開揭露秘密或是他人獨立研究發現同樣的成果而結束其秘密性。然而，僅僅因為一個產品的引進進入市場，可能導致商業機密的信息被發現這件事，並不排除在商業機密所有人許可的技術授權，只要當事人使用這項技術時，要求使用者支付授權費。

由於商業機密不像專利受聯邦法律保護，商業機密的範圍或內容會因為不同的州而有所不同。只是大多數的州法均源於 1979 年的統一商業機密法，例如阿肯色州、加州、科羅拉多州、康乃狄克州、德拉瓦州、愛達荷州、印第安那州、堪薩斯州、路易斯安那州、明尼蘇達州、蒙大拿州、北達柯達州、北卡羅萊納州、俄亥俄州、奧克拉荷馬州、羅德島、猶他州、維吉尼亞州、華盛頓州、威斯康辛州。

(四) 商業上的考量

關於某樣新技術的重要商業決策包含技術的發展方向、該技術對現在

以及未來公司的商業計畫是否有影響。此外可也包含了公司是否願意將該技術授權給其他廠家或是自己吃下來作為獨門生意。假使公司決定將該技術授權給予其他廠家，那麼公司必須考慮自己是否同樣地也持續經營這項技術發明，或者是將該技術單獨授予唯一的一家廠商，或是多家廠商。同樣地，如果公司決定要將某商品的製造、販賣、使用拆成好幾個部分授予多家廠商，那麼如何將這些步驟拆開就是很重要的決定。

如果某技術的商業發展將透露出關鍵技術的時候，那麼透過申請專利保護有助於保密其關鍵技術，專利的保護性越強，技術的保密性就越好。

此外，有機會獲得專利的時候也具有激勵員工的效果。

二十四、記錄保持

記錄保存具有許多優點。在許多溝通的方式中，文字記錄可以幫助一個機構對某一項專利或是技術達到一定的成熟度與作出決策。甚至有助於幫助該機構了解該技術之重要性。同樣地，良好的記錄保存方式可以避免他人複製或盜用。

為了日後的合法場合可以使用這些記錄，例如起爭執的時候，對於已完成或是正在進行的活動都必須以專門的記錄本或是有複印頁碼的記錄紙作記錄。每一本記錄簿都必須以日期或是符號標示分明，並且必須簽名。此外，記錄保存必須被監視的。監視人最好是熟悉相關的作業流程但是是非直接計畫相關的人。而且，以完成的記錄作任何更動都是不被允許的。如果任何記錄簿上的文字記錄有誤，則必須保留原有的錯誤，並且將更動後的內容放在另一頁，並且引述之前的版本。此外，如果記錄本有空白處，則該空白頁必須用一個大 X 做為標示，而且仍要簽名且加註日期。

如果需要引用非原始的數據或第二手的分析資料時，那麼在引用的時

候必須加註引用的時間點，或者將相關資料插入記錄中。如果可能的話，任何的引用資料必須用可清晰辨識的符號註明。當決定插入上述資料時，最好在空白頁處以浮貼、釘書機加釘、膠水黏貼等方式放在原始的資料中。而任何插入或是刪去上述資料的動作都有必要經過簽名、標示日期，以及第三者檢視。

完整的記錄資料不僅是有助於未來申請專利權時遇到紛爭可提供證據，同時也可以從發明歷程的日期中，確認其他與本專利產生衝突的專利是否屬於先前技術，如果該日期早於某專利之訴求，那麼就可以將該專利屏除於先前技術之外。而研究記錄資料亦可證明該技術的確是由發明人或是發明人所屬之機構所獨立發明，或是比其他相似的研究工作者或是機構來得早。

許多公司都會建立回收或保存研究記錄的標準程序。如果正確的被分類收藏，那麼日後追溯起來就能比較方便。一般的實驗記錄簿應該留存在實驗室中而不得隨意攜出。

二十五、公開發明

建立一套向機構所屬的專利部門申請新發明是一件很重要的事。專利部門所要做的是決定該發明是否具有保護的價值，以及保護的方法跟途徑為何，例如申請專利或是商業機密。雖然發明者與專利部門處理的資料型態不盡相同，但是大多數的發明申請提案單都包含以下的資料：

1. 發明者的姓名。
2. 發明的名稱。
3. 簡要的發明內容說明。
4. 發明背景，包括辨析過去已有的文獻、專利等現有技術資料，並

提出現有的問題以及本發明克服的問題。

5. 稍微詳細地描述發明內容，例如圖說、文字敘述，甚至如果可以的話，提供研究記錄影本或是研究記錄中所引用的參考資料。

6. 發明構想產生的日期。

7. 第一件發明相關的成果的日期。

8. 開始撰寫發明描述的日期。

9. 第一次內部公開的日期。

10. 第一次外部公開的日期。

11. 該發明第一次商業用途的日期。

除此之外，表單上應該除了發明者以外，還要有至少兩個非發明者的簽名與日期加註佐證。

二十六、專利的限制開發

制衡商業活動因為授予專利保護而被限制其發展性的就是反托拉斯法。雪曼反托拉斯法的第一、第二部分就表現出這樣的態度。同樣地，特別針對美國的貿易與價格結構爭端的克萊頓反托拉斯法，亦特別探討專利權的使用範圍。當專利過期後，還企圖想要透過該專利獲取授權金是不正確的。此外，要求一獲得某專利技術或專利產品的被授權者去購買未獲授權人授權的庫存品的確是違反反托拉斯法。但是，這樣的數量限制，限制的產品，被授權人製造或限制其市占率不一定不當。

除了專利訴求被限制不得執行，專利權所有人如果被美國專利局或是法院認定具有違反市場公平原則的行為時，可能會受到數倍的傷害或是罰金。如果專利權所有人企圖以不正當的專利權或是非法行為去拓展產品市場佔有率，那麼將會因雪曼反托拉斯法受罰。

除此之外，獲得專利授權的人被允許可透過提出具有確實爭議的宣言判決，對於專利的適當性提出質疑。任何排除此權利的技術授權條約都是不適當的。

當某專利被法院判決為不正當的，那麼它在世界各地都是被認為無效的。另一方面，在某次法院判決中被認為正當的，卻不代表在第二次、第三次的訴訟裡就一定合法。

若是違反美國專利局的公平原則與未履行應盡的義務，可能導致整個專利權被取消資格。即便是專利中的某一項訴求違反上述原則，還是有控能導致專利裡所有的訴求都失效。

二十七、專利的所有權

專利是一項具有個人貢獻的資產。每一位專利的發明者，都有權利不必經過所有專利發明人同意，逕行使用或是販賣該專利權，不論是該發明者所占該發明的貢獻比例均是如此。

專利的所有權可以透過「轉讓所有權」被移轉。書面的轉讓合約最好是由美國專利局記錄。雖然沒有必要，然而在下次的轉讓或是受抵押人接手的時候若是沒有被告知該專利，那麼專利就會失效，建議在轉讓日之後或是在下次被購買日之前的三個月內為之。

若沒有關於參與發明的員工的擁有權協議，那麼該員工除非是從事與該發明特別的工作，否則他將不會擁有發明所有權。另一方面，如果員工的發明是無關於雇主僱用的時間、設備、工作環境，則該發明的擁有權將只屬於員工所有。假使該員工的確使用了雇主的資源來創造這項發明，那麼雇主至少擁有「雇主營業權」。雇主營業權指的是雇主有權生產製造，販賣或委託他人製造是項專利品。換言之，雇主具有非全部但是免授

權金的發明使用權，即便是員工擁有發明的所有的權利。

　　發明的擁有權判定牽涉到雇主的事業是否雇有全部，但非必須雇有發明中某一特別的部分，這部分是不明確而且是依個案而異的。

　　有鑑於發明建立後接踵而來的發明擁有權不確定性，許多雇主在僱用員工前都會在書面合約中註明員工的發明的所有權歸屬與分配。雖然合約的內容沒有統一的標準，但是大多數的合約中至少都會載明員工在僱用期間的所有研究或是構思都是屬於雇主的。其他條款可能較為普遍，它們可能包括員工所作的所有發明，只要是在受僱期間，都是屬於雇主所有，即使是那些並不一定在雇主的業務範圍內，或可能涵蓋所有發明涉及到雇主的業務，即使是員工的自己的時間，並在員工自有的設施中。

　　有鑑於越來越多員工權利範圍的關注或是鼓勵革新，許多的州，例如加州、伊利諾州、明尼蘇達州、北卡羅萊納州與華盛頓州等，已經通過對於已訂定的雇主與員工的合約內容有諸多限制的法律。這些法律，雖然內容不一，但是都提出了員工如果是在自己的時間，並且沒有使用到雇主的設施時，應當擁有發明的所有權利，除非雇主能證明發明的過程或是內容的確與雇主本身的事業有關。如果的確有關，那麼雇主的確可以根據合約獲得發明的所有權。如果發明的建立過程的確是在員工受僱期間或是使用了雇主的設施，那麼雇主的確可以透過合約獲得發明權，即便是該發明的內容與雇主的事業或是僱用關係毫無相干。

　　此外，這些法律也要求雇主必須告知員工有關發明的權利。並且保障員工當與雇主產生發明權的衝突時，員工可以保障自己的工作權。

　　過去的數年裡國會企圖實施有關保障員工發明權的聯邦法，但是截至目前為止尚未有任何法律被提出。

二十八、激勵創新計畫

關於任何的刺激發明的手段都是爲了要營造一個可以讓刺激員工投入創新的環境。採取的手段因企業而異。許多具有龐大研發部門的公司都是採用金錢獎勵專利發明者的鼓勵手段。一件專利申請的獎勵金額大約從100美金到500美金不等。

此外，部分的企業亦採用不同商業價值的發明給予不同報償的策略。不過這樣的例子並不多。在某些案例中，報酬的數目是根據該發明可以每年節省多少成本或是可以獲利多少而撥給一定比例的獎金。

不論是那種策略，爲了使策略能明確適用於企業的文化，最好的方式就是定下書面條約。更進一步地，所有參與發明的員工都應該獲得一定的報酬。避免歧異的重要性是法院解釋似乎比較偏向贊成獎勵員工。

除了金錢上的報酬以外，許多企業亦會提供其他獎勵，例如表揚餐會、員工旅遊等。發明者也可能會從公司的公告或是媒體上獲得特殊的名聲，甚至是收到獎狀或是匾牌之類的禮物。

有些時候企業也會表揚提出概念的發明者，即便僅僅只是一個概念而非專利或是具體的發明，但是此概念若是對公司的發展具有卓越貢獻，那麼就應當值得表揚。有的時候，雖然獲得實質的專利容易受到雇主的獎勵，但是對於無法申請專利但是值得被公司保留爲商業機密的發明亦值得更優渥的報酬。

第四章

檢索

一、檢索

二、檢索的理由

三、美國專利和商標局的檢索設施

四、檢索組織

五、政府專利政策之一般考量

六、聯邦科技移轉法案

七、介入權

八、聯邦商標註冊

九、聯邦註冊所帶來的利益

十、商標及服務標誌

十一、混淆可能性

十二、專有名詞的分類及其意義

十三、商品名稱

十四、商品外觀

一、檢索

在實體企業投入使用商標或者取得商標之前，檢索會適當的判斷商標的可利用性。一個通過美國專利商標局商標記錄的檢索可以被手動進行，這些記錄以報告形式包含了所有的聯邦註冊和所有的還未通過的申請。

二、檢索的理由

進行專利檢索的其中一個重要的理由就是檢索現有技術，這可以決定一項發明是否有申請專利的價值。如果該發明可獲得專利，檢索的結果便有助於幫你在申請專利時構思專利保護的雛形。此外，亦可藉著搜尋的結果證明本技術的確超越其他現有的專利技術。

檢索的結果可以提供新發明一些更改的建議，使發明不會與其他專利重覆。這樣的資訊對於決定是否值得申請專利十分重要，尤其是該發明的內容是否有其他更好的替代方案。另外，檢索專利可以幫助發明者從文件上的證據發現現有技術遇到甚麼瓶頸，而新發明的技術是否可以提供改良策略。

此外，專利檢索可以在發明之前，提供相關現有技術的資訊作為技術的背景知識。這些資訊包括特定領域的發展情形、發展的組織、追求改良技術的方法、該技術遇到的各種瓶頸（這有助於衡量發明成功的潛力或機率），以及對應的修訂方式。這些初始的發現可以決定是否要進行某項特定的方案。

假如某一可實行的方案是在一項過期的專利中被查到，因此深入的調查似乎就沒有必要。即便是特定的解決方法仍舊被某一未過期的專利訴求所保護者，與其投資大筆的資金或人力去研發該技術，不如花一筆錢向專利擁有者購買專利授權，也許可以用最少的成本獲得該技術。

　　一般認爲世界上大約有 70% 的技術內容仍舊被專利權保護，而沒有在其他地方被揭露，由此可見專利可以提供重要的技術資訊。

　　一旦決定將某技術或發明進一步商業化，也許專利資料蒐尋就有必要了，因爲可以確定是否有侵害到其他有效的專利訴求。特別是其他專利的訴求或是已被商業化的商品，所以這個檢索必須是廣泛而且全面的。

　　此外當專利內容被公開後也許就會遇到侵權的問題。那麼調查是否有先前技術侵害到有疑慮的專利訴求便是必要的。

三、美國專利和商標局的檢索設施

　　美國專利商標辦公室（USPTO）的檢索室設在維吉尼亞州的克里斯多市 USPTO 一樓，並且從平日的早上八點至晚上八點公開對外開放。只要獲得 USPTO 許可後就能進入。該檢索室收藏了所有 USPTO 核准的專利，並且以專利號碼順序整理。同時亦有影本是以專利的訴求分類收藏。

　　此外，該檢索室內亦提供付費的影印室，允許使用者影印專利資料。每申請印一份專利都必須付出 1.5 美金，彩色的需要 10 美金。

　　除了可以根據專利訴求的種類檢索以外，使用者也可以根據發明者的名字進行檢索。這些記錄是用發明者姓名的字首排序。使用者亦可針對某一機構或是某一實體進行專利查詢。

　　自 1980 以後，美國專利局計畫將專利檢索自動化。事實上，美國專利局已在 1990 的時候將自動化的計畫送至國會，並核定通過。

　　最近，美國專利局設置了一套名爲 APS-TEXT 的自動專利系統。現在這套系統可提供從 1974 年起所有的美國專利，自 1790 年起的專利分類，以及部分日文或是中文專利的英文翻譯。

　　使用者可以從公開的檢索系統登入線上使用 APS-TEXT 或是商標資

料庫。登入的費用為每一個小時 40 美金。

一份有助於了解美國專利分類的著作名為《Development and Use Of The Patent Classification System》。這本書可以在美國政府印刷局或是國會圖書館找到。此外，分類的指示或是標示亦可以從美國專利局找到。

除了美國的分類系統以外，國際間共通的分類亦被大約 47 的國家採用。相關的分類說明由知識產權組織提供，內容包含給使用者的建議、國際專利的分類等檢索方式。

四、檢索組織

檢索專利的途徑亦可請求位於海牙的歐洲專利局，而歐洲專利局可以提供英文、法文，或是德文的內容。另外，也可以向瑞士的專利局申請專利檢索，而英文、法文、德文，或是斯堪地那維亞語的內容都可以提供。而澳洲專利局也可以接受申請。

五、政府專利政策之一般考量

對大多數接受政府資金挹注的組織來說，某發明的擁有權是被政府擁有的，這裡的組織指的是並非小型商業組織或是政府支持的非營利組織。大多數的政府組織都會放棄這種擁有權，然而，某些對美國政府或是社會大眾有利的技術或是發明是可以被供使用的。專利擁有權被放棄或是被授權的因素因各個單位而異。根據法律規定，政府機關對於發明內容可以選擇全部授權或是部分授權。相關的程序是由 GSA 實施的聯邦財產管理條（Federal property management regulation）所監督。

美國商業部的技術資訊服務（NTIS）出版並詳列了所有可供技術授權的專利以及專利申請案。此外，NTIS 負責處理美國商業部的專利技術

授權事宜，以及其他委託美國商業部代爲處理技術授權的案件。NTIS 就像是專利的中央票據交換中心，負責整理、散播宣傳、交易資訊，將聯邦政府擁有的專利權或是特別應用價值的原始專利案交易給私人企業與州以及地方政府。從政府獲得授權的專利案，都能由美國專利局發行的公報公開查詢到。

最後，政府機關有權阻擋某發明的內容，於一段時間後才會公開給社會大眾，尤其是政府擁有該發明案的版權、所有權，或是股份，給予政府有充足的時間申請專利。然而，關於與政府簽訂的契約，那些被設想或是在合約期間減少實踐的發明，以及涉及發明標的事項的契約，將受任何與政府的專利協議條款規範。

1981 年 7 月 1 日開始，政府專利政策的統一，將影響中小型企業和非營利組織的發明者使用政府基金的所有權。一般中小型企業和非營利組織可能選擇的政策，在政府的資助協議時，根據該協議能保留發明的所有權。資助協議可視爲是契約書、補助金和合作協議。

特別對中小型企業立下這種法律的目的，是使它能作爲一個具有獨立擁有和獨立經營，而且在協議運作的領域中不佔優勢的企業。此外，組織必須滿足任何由中小企業局（Small Business Administration）設下有關於受僱者的人數和收入的最高金額的標準。當下爲了具有中小型企業的資格，該組織必須少於 500 個受僱者。

組織具有非營利組織的資格，必須像是大學或其他高等教育制度的美國非營利組織。任何描述在國內稅收法（Internal Revenue Code）或者非營利性的科學或教育組織的組織，這些都是根據國家非營利組織條例來取得資格。

只有在非常特殊的情況才可以使政府脫離先前的政策和保留本身的所

有權。舉例來說，為了保護政府的情報和反情報行動的安全性，政府需要保留該事件中所提及發明的所有權。

在政府保有的資助協議中，有關於中小型企業和非營利組織的最小權利是收到非排除性、不可轉換性、不可撤回性、已付款的證明，或者根據全球性的準則實現美國市場的發明的實際證明。依照已存在的條款或未來的條款或協議，協議也想要提供政府再許可任何外國政府或國際組織額外的權利。此外，目前當再許可的權利被一項條款或國際協議需要，或甚至直接由外國政府或國際組織立契約者來證明時，協議可以提供更進一步再許可的權利。

一位與任何人、中小型企業公司，或非營利組織有關的立契約者是聯邦政府中資助協議的人員。立契約者最小的權利為「立契約者不能在事件中保留發明的所有權」，包含不可撤回的、非專屬的、免版稅的全球性授權給市場的發明。此外，當資助契約需要與政府一同開始時，立契約者將有再許可合法程度的所有權。

在揭露根據這種協議的發明後的十二個月內，立契約者必須對他或她是否希望保留發明的所有權作出選擇。此外，立契約者必須在任何發明被對揭露的兩個月內，回報給已進入市場的代辦處或立契約者的專利部門。立契約者也必須回報給任何發生事件的代辦處，來促使法定的專利法庭一年的流量。

另外，如果依照法律規定，考慮到法定阻卻的可能性，發明的第一次專利申請必須在它被揭露給立契約者的兩年內，或者更早時，在美國提出申請。國外提出的申請必須在美國提出申請的十個月內，或者由美國專利商標局允許這樣做的六個月內發生，事件中的保密秩序有待來臨。

立契約者利用發明者來得到發明的所有權，且不希望發明者能保留此

發明的所有權，這種事件也是有可能發生的。在這種例子中，代辦處將會與立契約者商量如何處置財產權。此外，政府的受僱者和立契約者的受僱者是共同發明人，政府僱用的權利可以轉換給立契約者。

六、聯邦科技移轉法案

聯邦科技移轉法案是在 1986 年制定成法律，明確承認創新和科技給予整體國家健康的重要性。尤其立法機關指出「科技和工業化創新是經濟、環境和美國人民社會福利的中樞」。立法機關也認為能改善生活品質、增加生產力、新產業、就業機會、改善公共服務和增進國家在全球市場科技和工業化創新的競爭力。

此外，立法機關認為有需要給人民更好的認可，由科技升級提供經濟、環境，或美國的社會福利重要的改進。這是立法機關通過幫科技轉移法案（FTTA）的理由，其中已經制定在商務部中的生產、科技和創新局。這種客觀的服務為了有助於提升投資相關技術工業的趨勢，鼓勵技術的轉移和促使創新，是由國家或地方政府、區域組織、私人企業、高等教育機構、非營利組織或國家實驗室鼓勵和協助在創作中心等其他聯合倡議。不只承認國家實驗室和主要大學會有生產性的新發現，也承認當這被發展的發明已經對大眾有可利用性時，企業和勞工的努力合作是必要的。根據聯邦科技移轉法案的建立，促使學術界、聯邦政府、企業和勞工之間合作的需要。

有關這種技術幫助創造隸屬於大學或非營利組織的研究合作中心的一些觀點：

1. 幫助個別的中小型企業，在技術進化和技術產生的構想上支援工業的創新和新的商業冒險。

網通科技專利導論

2. 幫助業界和學術界技術研究的合作。

3. 在發明、企業家精神和工業的創新下提供課程、訓練和教育。

4. 對工業和中小型企業提供技術援助和技術顧問。

此外，為了見到國家投資研發實際利用性的成果，聯邦政府在適當的情況下，能允許把國家的所有權或原來的技術轉換給國家或地方政府的私營部門。政府代辦處允許進入合作研發協議和安排與其他機關一起協商認可，其中機關包括國家、地方政府、大學、非營利組織和工業公司。根據這些協議，由這些之中任一個或一些機關所給予發明的所有權，還有任何可能被聯邦政府撤回的所有權，可以由聯邦政府的受僱者來指定或認可。然而，聯邦政府將經常保留非排除性、不可轉換性、不可撤回性、實際發明的付款證明，或者擁有它在世界各地的實踐或國機政府的利益。當政府的受僱者就業時，也有可能努力參與商業化發明，但是這樣的參與只和代辦處可實施的需求和傳導的標準是一致的。

在進入合作研發協議中，會特別考慮中小型企業、同意在美國製造產品的美國企業、根據外國公司或允許美國代辦處的政府所控制下的組織，或其他要進入合作研發協議和認證協議的組織。

版稅或其他國家代辦處的至少 15% 收入，是從發明者或共同發明者認可或讓渡所有權給一項發明中得到。替代方案中，代辦處可以設置分享版稅計畫，保證以下幾點：

1. 當代辦處每年收到的版稅數量超過門檻的數量，將分享版稅一定的百分比給每一個發明者的版稅。

2. 每一個發明者都有固定最小應支付的款項，代辦處每年會收到發明者發明。

3. 在刺激支付版稅給實驗室受僱者，大量捐助在提出專利申請和發

122

明認可之間，認證發明的技術發展。

4. 所有發明者支付的款項會超過在一段會計年度中，代辦處從發明收到的總版稅的 15%。

任何發明者每年可收到的獎金除了由美國總統授予的之外，最多可以收到 100,000 美金。

擁有發明所有權的國家代辦處在不打算提出專利申請或其他把發明商業化的事件中，發明者可以保有發明的所有權。然而，政府將保有非排除性、不可轉換性、不可撤回性、實際發明的付款證明，或者擁有它在世界各地的實踐或國機政府的利益。

於上述中附加，代辦處每年在研發上至少支付五億美金的現金獎勵機制給它的科學家、工程師和技術員，其中必須滿足下列兩點：(1)在美國商業應用上的科學或技術有傑出貢獻，或貢獻該代辦處或聯邦政府的使命。(2)移轉科學或技術發展到聯邦政府內的模範行為和造成非聯邦實體的使用，像是美國工業或企業、大學、國家或地方政府。

那些因科技晉升中，對於改善經濟、環境、或美國的社會福利有傑出的貢獻，且值得總統特別表彰的個人或公司，將受到建立在聯邦科技移轉法案（FTTA）下的國家科技金屬（National Technology Metal）表揚。

七、介入權

再某些例子中，政府擁有一項發明所有權的介入權。換句話說，政府可以根據某些條件和程序，來收回發明根據資助協議下所得到的所有權。尤其是當立契約者或發明的受讓人沒有在合理的期限內持有所有權，或者不想持有所有權時，政府可以行使介入權來實際有效的達到發明的申請。而且為了使立契約者、受讓人或領有執照的人得到滿足，政府可以行使他

的介入權來滿足它的衛生和安全的要求。當聯邦法規規定公開使用的需求不被滿足時，政府也可以行使介入權。最後，當美國工業偏愛的協議尚未得到或放棄權利，或者是當領有專有權執照的人在美國使用或銷售發明，是違反美國工業偏愛協議的法規，則政府可以行使介入權。除非美國工業偏愛的協議是同意在美國大量生產任何包含發明或是由發明產生的產品，否則排除在美國使用或銷售專有權的資助。然而，如果這種規定在國內製造業沒有商業上的可行性和合理性，則可以被撤回。此規定已經努力允許他們在美國內製造，但還是不成功。

八、聯邦商標註冊

美國專利商標局（USPTO）擁有商標或服務標誌在聯邦註冊的司法權。該聯邦商標法〔有時被稱為拉吶姆法（Lanham Act, 1946）〕是建立在美國憲法的 ART. 1., SEC. 8, CL. 3 下的權利，其中指出：

立法機關將有權利去管理與外國國民、各個國家和印第安部落之間的貿易。

根據註冊在聯邦公報的標誌，這是必須用於洲際商務或者與外國人的貿易。除了這點，即使外國人民的標誌不是用在任何地方，還是可以根據外國申請人在祖國註冊而得到聯邦登記。然而，申請人在美國洲際商務中或者美國與外國之間貿易中，使用標誌的目的必須是善意的。

1989 年 11 月 16 日以前，即使聯邦商標或服務標誌還沒在美國專利商標局提出申請，要在洲際商務中或者外國的人貿易中必須使用標誌。美國申請人因此稍微置於不利條件中，因為當只為了在現在使用時，很多其他國家允許提出的申請與商標和服務標誌版權的註冊。

始於 1989 年 11 月 16 日，1988 年制定的商標修正法案可能基於善意

而提出聯邦商標申請。然而，在意圖使用的申請註冊被同意之前，商標申請人必須在立法機關控制的貿易中使用標誌。換句話說，申請人可以不提出使用，但註冊通過的時間將被延遲，直到申請人實際使用標誌。

在商標和服務標誌得到聯邦註冊之後，它允許在標誌之後放置®符號（R 位於圈裡）或「REG. U.S. PAT. AND TRAD. OFF.」或「Registered in the USPTO」。當正確的使用標誌，這可能無限期的在商標或服務標誌中得到獨有的權利。一個商標註冊的期限從註冊通過的那天是算起是十年，但之後可以每十年換發一次。在 1989 年 11 月 16 日之前得到的商標註冊和商標換發，從通過或同意換發的日期算起，它們的期限為 20 年。此外，為了保持商標是已註冊的狀態，宣誓書必須在商標使用的第五年和第六年之間提出，以證明它仍然是被使用中。

九、聯邦註冊所帶來的利益

經由獲得在商標主要註冊簿上的聯邦註冊，能獲得下列幾點額外的利益：

1. 可能取得損害賠償，包括侵權者的利潤、造成的損失和在聯邦法院提起商標侵權案的費用。

2. 登記者結合了商品或服務的商標，其所有權定義在註冊中，這反而消除了對一個在註冊的日期後獲得通過的人所能得到的防護。

3. 可能收到三倍的傷害賠償，還有在聯邦法院提起商標侵權案的律師費。

4. 有權利在聯邦法院提起商標侵權的訴訟案。

5. 註冊商標的造假者可能會被判刑罰。

6. 註冊商標其有效性的初步證據。

7. 登記者其標誌所有權的初步證據。

8. 登記者擁有在商業上使用標記來表示有關商品或服務的專屬權利
之初步證據。

9. 幫助美國海關避免進口一些有侵犯到商標的商品。

10. 在其他國家中提出商標申請的基礎。

11. 制止其他在美國專利商標局完成調查的人，選擇相同或者相似的
標誌使消費者困惑。

　　而且在註冊後連續五年使用商標或服務標記的所有人將擁有使用該標
誌的權利。然而，這種無爭執的權利會受到一些條件限制。舉例來說，當
無爭執的註冊商標變成在註冊標誌下所銷售商品或服務的一般性名稱時，
則可以取消此商標。當使用在商標或服務標記的無爭執的權利被放棄、存
在欺騙，或者被用來誤傳服務或商品其中的關聯性時，其權利也會消失。

　　此外，這種無爭執的權利若有在限制的範圍內使用商標的話，在標誌
或商品名稱通過聯邦註冊前，根據任何國家或地區的法律下連續使用所獲
得的合法權利，將被這種使用行為侵犯。為了得到無爭執的使用權利，所
有人必須在美國專利商標局提出包含必要主張的宣誓書或聲明書。

　　律師費和聯邦註冊的政府費用其開銷在很多情況都是相當少的，尤其
是跟所得到的利益比較或者其他企業在廣告和印刷品的費用比較時，相對
少了許多。

十、商標及服務標誌

　　商標是由製造者或販賣者定義有關它產品的元素，像是字詞、名字、
符號或裝置，或是一些組成它們的元素。服務標誌除了是被特定的企業用
來識別和區別和它競爭對手執行的服務之外，其他都與類似商標。

在推動商標和服務標誌所提供的保護是識別購買單一來源的公共商品或服務，和從其他相似的商品和服務中區別它們。透過商標和服務標誌的使用，提供某程度的證實特定商品或服務銷售，是否符合市場下特別或已知的品質標準。保護商標和服務標誌的主要目的，實際上是避免消費者與其他的商品混淆。然而，商標和服務標誌可以呈現非常值錢的企業資產。

商標和服務標誌的版權是由實際在市場上使用時產生。此外，合法的版權通過聯邦商標的註冊可以增加它的價值，而通過國家級註冊也能有較小程度上的增值。

十一、混淆可能性

有關許多商標的爭議，是否可能會因為一個人和最初的使用者同時使用商品或服務的標記，而造成混淆。

在任何特定的情況下判斷是否存在混淆的可能性，將考慮下列因素：

1. 有關每一個使用標記的商品或服務，其相似點或相異點。
2. 標記的整個外貌、聲音、內涵和商業印象中的相似點或相異點。
3. 銷售是根據什麼條件和購買者是誰。
4. 貿易途徑的相似點。
5. 混淆潛在的程度是否很高或者是微量的允許標準。
6. 相似的標記使用在相似商品上的數量。
7. 該種類的商品上是否有使用商標。
8. 根據同時使用的期間和條件沒有實際混淆的證明。
9. 任何實際混淆的程度與性質。
10. 由銷售數量、廣告數量和使用期間來證明該標記的名聲。

十二、專有名詞的分類及其意義

保護商標的條款可以分類成四種類別：

1. 一般的。
2. 任意的和想像的。
3. 示意的。
4. 描寫性的。

一般的專有名詞通常被稱爲「常見的描述性」（common descriptive term），提及特定種類或是種類中特定的項目或服務是成員的類別。一般的專有名詞因爲已定義了項目及服務，所以能不成爲商標。然而，一個可能是一些項目通用的詞，但不屬於其他的。例如，「象牙、乳白色的」是通稱大象的象牙或鋼琴鍵，但應用在肥皂時則是任意的。有時一個專有名詞是由商標開始，但之後變成一般的類別而且失去其商標的功能。舉例來說，電扶梯、彈簧墊、羊毛脂、亞麻油地氈、溜溜球、尼龍、煤油和油印機，皆由商標轉變爲一般專有名詞。阿斯匹靈是一個在美國變成一般專有名詞的有效的商標，歷經流傳仍保有其有效的特徵。

爲了避免商標失去它的功能，其應該被正確的使用爲形容詞或副詞，而且不可以作爲名詞或動詞。爲了防範將商標標記爲名詞，應該遵循商品的通用名稱。

至少標記的第一個字母是以大寫書寫，除了原本專有名詞和符號®之外，也有可能整個標記都是以大寫書寫。當標誌是要申請聯邦註冊，在他還沒通過註冊前，標誌後要加上 TM 符號。

描述性專有名詞定義了一些物品或服務的特徵或品質，譬如說它的功能、顏色、氣味、尺寸或原料。舉例來說，視覺中心將是描述一個購買眼鏡的地方。雖然描述的標誌不會自動的被保護，當申請人可以證明它的標

誌可以讓消費者了解其意義，則它們可以登記在商標主要註冊簿。其意義所主張的立場是，雖然一個專有名詞可以擁有它原本的涵意，但使用它會自然地聯想到一些特定的項目或服務，由購買特別指定的項目或服務它已經是公眾已知的標誌。

「主要註冊簿」提及到由美國專利商標局所制定最重要的或主要的註冊商標。此外，其次是標誌的「輔助註冊簿」，能從另一個標誌區別出申請人的商品或服務，但是還不能夠在「主要註冊簿」中註冊。例如，描述性專有名詞可以在輔助註冊簿中提出註冊時不用證明其意義。然而，一些在主要註冊簿中額外討論的權利，不會在輔助註冊簿中提供。

許多判斷標記是否含有第二意義的因素，它們包含了消費者的直接證據；消費者調查報告；排斥性、長度和使用方法的評量；大量的廣告研究方法；銷售額和消費者人數的圖表；建立在市場位置的證明；和被競爭者抄襲的證明。當描述性專有名詞連續五年被大量使用，則假定它取得第二意義。

暗示性專有名詞不會直接地描述一個產品或服務，反而暗示其產品或服務的特性或特徵。暗示性專有名詞需要消費者運用一些想像力，才能得知所指的商品或服務。並只間接提供一些商品或服務的印象。像這種的專有名詞不受到第二意義證明的保護，因此被認為具有特色。

任意性專有名詞是一個被普遍使用，但是與商品或服務卻沒有什麼關係的專有名詞；想像性專有名詞則是一個特別為商標或服務標記創造其服務的專有名詞。

十三、商品名稱

商品名稱有時會與商標混淆，但還是跟商標有所區別。商品名稱是一

個用在識別整個企業的名稱，另一方面，商標和服務標記則是用來識別企業的產品和服務標記。商品名稱不必像商標和服務標記一樣要在聯邦商標法下註冊。然而，當一個名稱只用於商品名稱時，是可以得到國家法律的保護。商品名稱可以被置於美國海關總署（US Customs Service）。

十四、商品外觀

同樣地，商品外觀也與商標類似，根據聯邦商標法（1945）的保護以防止偽造或侵權。商品外觀只的是商品的總形象和可能有關的特徵，譬如說尺寸、形狀、顏色、顏色成分、構造、圖示或行銷手法。爲了成功地聲稱商品外觀的侵犯，必須遵循以下幾點：

1. 消費者可能會對偽造商品外觀的產品和被偽造商品外觀的產品造成混淆。
2. 商品外觀已取得第二意義。
3. 商品外觀是沒有功能性的。

第五章

無線傳輸與網路技術之專利案例

案例一、GPRS 導航專利訴訟之爭：微軟與 TomTom

案例二、手機公司 MSTG 控告 7 家手機及通信業者

案例三、英國電信公司 (BT) v.s 亞德諾半導體 (ADI)

案例四、瑞士通信公司 (Monec Holding) v.s 惠普 (HP)

案例五、諾基亞 (Nokia) v.s 蘋果 (Apple)

案例一、GPRS 導航專利訴訟之爭：微軟與 TomTom

摘要

2009 年 2 月 25 日 Microsoft Corporation 分別在美國國際交易中心（ITC），以及美國華盛頓州西區聯邦地方法院（Western Washington）對於一家知名汽車導航（GPS）裝置的生產公司 TomTom 提出了專利侵權的告訴。這一系列的訴訟和八項專利侵犯有關，其中五項是跟汽車導航有關，另外三項則是跟這項產品所使用的 OS 其檔案管理的方式侵犯到了 Microsoft Corporation 的專利權。

Microsoft Corporation 在 ITC 的訴訟中，對 TomTom 提出禁止其大量販賣以及零售這項侵權產品的權利，並且在美國華盛頓州西區聯邦地方法院對 TomTom 要求了一筆侵犯專利的賠償金。

當然，被告的對象 TomTom 必定不會乖乖地接受原告所提出的條件，於是在 2009 年 3 月 19 日，TomTom 向 Microsoft Corporation 以侵害其專利為由，在美國維吉尼亞東部地區聯邦地方法院對 Microsoft Corporation 提出反訴。TomTom 認為其 4 項專利受到了 Microsoft Corporation 的產品「Microsoft Streets and Trips」的侵權，要求對方賠償損失。

一、介紹

提告方 Microsoft Corporation 是一家總公司位於 Redmond，Washington 98052 的華盛頓財團法人。成立於 1975 年，Microsoft Corporation 是一家全球領先的電腦軟體，為企業和消費者提供服務和解決方案。Microsoft Corporation 並在世界各地 100 多個國家都設有業務的辦公室。Microsoft Corporation 的主要收入方式為許多電腦設備以及系統

的開發和授權範圍廣泛的軟體產品。這些軟體產品包括操作系統的 server applications、個人電腦和智能設備、server applications 應用程序的分佈式計算環境、信息工作者生產力的應用；商業解決方案的應用；高性能計算應用、軟體開發工具，操作系統、用於汽車應用，以及各種導航相關的軟體產品和服務。

　　微軟的視窗 XP 和 Windows Vista（以下統稱「視窗客戶」）就是其開發、授權認證的操作系統。Windows XP 是一個操作系統開發的個人電腦，在 2001 年由微軟首次推出，Windows Vista 是 Windows XP 的下一代。其中一個作業系統是 Windows Embedded CE 認證。Windows Embedded CE 結合了先進的實時嵌入式操作系統以及強大的工具，用於快速創建智能、連接小型設備。

　　微軟同時還進行了開發並且認證授權多種導航相關的軟體產品和服務，包括 Microsoft 的 MapPoint。MapPoint 的可以很容易地可視化業務信息在地圖上，說明了點地圖，其地圖整合到 Microsoft Office 文檔。微軟開發和授權的產品和服務可以使用在各種交通工具上。其產品和服務主要以提供可靠且易於使用並且符合成本效益的車載系統，幫助汽車製造商和供應商降低成本，因此能在市場上脫穎而出。Sync 是一種把車載通信和娛樂系統集合起來的設計，它使司機能使用免持聽筒且利用聲控控制他們的行動電話和數位音樂播放器。這些解決方案提供一個開放，標準化的平台，幫助汽車製造商和供應商降低成本和開發時間。

　　被告方 TomTom NV 是一家荷蘭導航裝置公司，現有的組織有一個主要營業地在 Rembrandtplein 35, Amsterdam 10 17 CT, Netherlands。TomTom 標榜自己是「汽車導航數位地圖和路線規劃的公司」，可在 http://investors.tomtom.com/overview.Cfm。TomTom 公司的辦公室設在在

歐洲，北美，亞洲和澳洲等 17 個地點都設有公司據點，其產品銷往 30 個國家。TomTom NV 公司是便攜式導航計算設備和軟體上使用的個人數字助理（PDA）和智慧手機的供應商和供應商。TomTom 在各個零售商，以及公司網站以及各種銷售管道都有其產品的購買方式。

二、有爭議的問題

被提告的產品是 portable navigation computing devices 以及其相關系統軟體。portable navigation computing device 載有全球定位系統（GPS）接收器。通過監測發送微波信號通過衛星星座，一個 GPS 接收機可以找出自己的移動速度和目前位置。portable navigation computing device 可以使用此移動速度和目前位置的參數做為基礎，提供使用者一些導航信息，例如行車路線，路線規劃等信息。

除了一個 GPS 接收機以外，portable navigation computing device 還包含有疑似侵犯專利條款的電腦系統（OS）和觸控式螢幕。此電腦系統包含一個 CPU 和其他儲存硬體來執行一個操作系統和軟體應用程序，以及一個或多個輔助存儲設備存儲數據（例如，應用程序，導航數據，音樂和用戶數據）。portable navigation computing device 使用的是疑似侵犯到專利條款的 Linux 操作系統，這是一個通用操作系統，能夠支持各

表 5-1　微軟於美國 ITC 控告 TomTom

提告日期	原告	被告	地點	案號
2009 年 02 月 25 日	MICROSOFT CORPORATION.	TOMTOM N.V. TOMTOM, INC.	美國 ITC	Docket #2654
系爭專利	US6,175,789　Vehicle computer system with open platform architecture [1] US7,054,745　Method and system for generating driving directions [2] US5,579,517　Common name space for long and short filenames [3] US5,758,352　Common name space for long and short filenames [4] US6,256,642　Method and system for file system management using a flash-erasable, programmable read-only memory [5]			
爭議議題	有關汽車導航及產品使用 Linux 檔案管理技術			

表 5-2　微軟於美國聯邦地院控告 TomTom

提告日期	原告	被告	地點	案號
2009 年 02 月 25 日	MICROSOFT CORPORATION	TOMTOM N.V. TOMTOM, INC.	美國 WESTERN DISTRICT OF WASHINGTON AT S EATTLE	2:09-cv-00247
系爭專利	US6,175,789	Vehicle computer system with open platform architecture [1]		
	US7,054,745	Method and system for generating driving directions [2]		
	US6,704,032	Methods and arrangements for interacting with controllable objects within a graphical user interface environment using various input mechanisms [6]		
	US7,117,286	Portable computing device-integrated appliance [7]		
	US6,202,008	Vehicle computer system with wireless internet connectivity [8]		
	US5,579,517	Common name space for long and short filenames [3]		
	US5,758,352	Common name space for long and short filenames [4]		
	US6,256,642	Method and system for file system management using a flash-erasable, programmable read-only memory [5]		
爭議議題	有關汽車導航及檔案管理技術。			

種各樣的應用軟體。例如，在 Linux 操作系統的便攜式導航計算設備執行的導航應用程序，使用了 GPS 全球定位系統提供的數據接收器生成行車路線。Linux 操作系統中使用的 portable navigation computing device 和軟體應用程序支持的操作系統也提供額外的設備功能，如文件系統支持長和短文件名，內存管理 Flash Memory 等常用設備和平台集成和控制各種電子元器件與便攜式導航計算設備以及其他車輛的組成部分。

三、侵權法條

1. U.S. PATENT NO. 6,175,789：

- 這條專利涉及到「汽車電腦系統與開放平台架構」。

- 本專利被發行於 2001 年 1 月 16 日。

- 現代汽車含有各種電子元件，通常包括音頻系統、安全系統、診斷系統、導航系統和通訊系統。每個系統分別有不同驅動程式。

- 該'789 專利解決了這個不兼容的車輛電腦系統，利用了模塊化和開放的計算平台，能夠整合和控制車上的電子元件。這款車電腦系統中運行一個開放的操作系統，提供多種支持不同的應用軟體。

- 本發明涉及一種車載電腦系統，有能力整合這些不同和獨立的系統，以及提供一個通用的計算平台，可以很容易地擴展。車輛電腦系統有房屋大小可以安裝在汽車儀表板或其他方便的位置。該系統提供了一個開放的硬體架構和支持的開放平台的操作系統。開放平台的操作系統支持多種不同的應用程序，可提供的軟體供應商。例如，操作系統可以支持應用程序有關的娛樂，導航，通訊，安全，診斷等。在首選的實施，該操作系統是一個多任務操作系統能夠同時運行多個應用程序。電腦有一個或多個存儲設備（例如，硬碟驅動器，光碟驅動器，軟體驅動器，磁碟播放機，或智慧 IC 閱讀器），它允許用戶下載程序從存儲介質（如硬碟，光碟，軟體或磁帶）的電腦。此外，用戶可以讀取或寫入數據到可寫介質（如硬碟，軟體，磁帶，或智慧 IC）。在這種方式下，車主可以方便地添加新的系統，他 / 她的車輛通過安裝額外的程序。

2. U.S. PATENT NO. 7,054,745：

- 本條專利涉及「方法和系統生成行車路線」。具體來說，是利用電腦演算法生成行車路徑。

- 本專利被簽發於 2006 年 5 月 30 日。

- 在'745 專利出現之前，由電腦算法生成的行車路線是基於商業數據庫的街道和路口，缺乏人駕駛的角度，而不是簡單地跟蹤每條道路各種屬性（姓名，十字路口，方向的行程），這種算法產生往往包括多餘的方向。

- 該'745 專利描述了一種創新方法，能夠由電腦生成可靠的算法，並呈現清晰、簡明的方向，與人類的駕駛視野。'745 專利的方法基礎為，結合指令之間的距離、指令中的字元數等因素。

- 簡單來說，'745 專利能產生出包含「駕駛者的視點」的行車方向。

- 本發明的方法可以包括與系統生成行車路線。行車路線的司機可以模擬人類的角度來看，當提供多種驅動指令序列中到達目的地。如個人電腦或網絡服務器，就可以生成指令通過電腦程序。該方案可以包括規則，並且可以存儲在電腦可讀介面如硬碟驅動器，隨身碟，磁碟或光碟。

  據一方面，本發明能夠適應指示，以符合駕駛者的駕駛角度自然。一條指令的語言輸出本發明可簡潔，準確的，類似一個方向另一個人將會提供一個驅動程序為指導，遵循行駛路線。本發明能夠生成用戶友好的操作說明，根據分類的情況下駕駛人的駕駛視角。

  據另一個方面，本發明可以生成一個單一的指令，有效地指導司機進入迴旋處一條道路，並退出迴旋處的另一條道路。本發明還可以生成一個單一的指令，通過有效地引導司機進入克洛佛利夫在一個州際公路，穿越立交橋的匝道系統，並退出到其他公路立交橋。

3. U.S. PATENT NO. 5,579,517 & 5,758,352：

- 專利'517 與專利'352 涉及到相同的領域，「共同名稱空間長和短文件名」，都是在描述電腦操作系統，文件系統和文件名，具體來說，涉及到在同一個檔案系統執行的長和短文件名。

- 專利'517 是 1996 年 11 月 26 日發行。美國專利和商標局於 2006 年 11 月 28 日通過其審議。專利'352 亦為是 1996 年 11 月 26 日發行。美國專利和商標局於 2006 年 10 月 28 日通過其審議。

- 一個文件系統是一種方法組織，存儲，檢索，導航和訪問數據。一個常見的例子是 FAT16 文件系統，使用 MS-DOS 和早期版本的 Windows 操作系統。此文件系統層次結構組織數據作為「文件夾」（或「目錄」）和「文件」。「文件名稱」是描述在磁碟上用來標識一個文件並存儲（在 FAT16 的系統）。

- 執行文件系統有限制文件名的長度，有些文件系統，只允許極短的文件名。例如，在 FAT16 文件系統，文件名不能超過 11 個字長。這種限制往往能阻止用戶給予他們的文件足夠的描述性名稱。

- '517 和'352 專利的描述一個創新的系統，支持長文件名和短文件名，一個能夠兼容系統。這種兼容性是通過創建一個短文件名的基礎上部分長文件名（不能超過短文件名的系統或應用程序的最大字元數）中的目錄項的文件，與一個或多個額外的目錄條目持有長文件名。

- '517 和'352 專利描述的系統中，一個短文件名系統可以讀取目錄條目包含短文件名稱，但會忽略的目錄條目（或項目），其中包含長文件名。長文件名系統可以訪問和操縱這些長文件名，以確保兼容性與短文件名系統。

- 這是，因此，一個對象本發明提供的系統支持長文件名。

- 這是另一個對象本發明提供的系統支持長文件名，同時盡量減少兼容性影響支持長文件名。

  這是一個進一步目的本發明提供一種系統，它支持一個共同的名字空間為長文件名和短文件名。其方法是實行數據處理系統具有存儲手段和加工手段。根據此方法，第一個目錄項創建並存儲在內存中是指一個文件。第一個目錄條目保存第一個文件名的文件和有關文

件，第二個目錄項也創建並存儲在內存的方法。第二個目錄項則持有至少一分一秒鐘有一個固定的文件名中的字符數以及有關的文件。其中第一項或第二個目錄中的內存訪問方式來訪問其中的資料。

按照目前的另一個方面的發明，數據處理系統包括一個存儲器，擁有第一個目錄條目的文件，第二個目錄項的文件和作業系統。第一個目錄條目包括文件名的第一個文件和第二個目錄條目包括文件名，第二個文件。第二個文件名包含更多的字符比短文件名。數據處理系統還包括一個處理器上運行的操作系統和訪問，無論是第一或第二個目錄項的目錄項，以找到該文件。

在另一個方面，根據本發明，方法是實行數據處理系統具有記憶。按照這種方法，創建一個文件，該文件被分配一個用戶指定的長文件名。長文件名進行操作與數據處理系統創建一個短文件名的更少的字符。長文件名和短文件存儲在內存中，以便該文件可以被訪問的文件名或長或短文件名。

4. U.S. PATENT NO. 6,256,642：

- 該'642 專利涉及到管理存儲在 block-erasable flash memory 文件。Flash memory 用在各種便攜計算設備，包括便攜式導航設備，數位音樂播放器（如「MP3」的播放器），行動電話，數位相機，便攜式驅動器（例如，「拇指驅動器」或「USB 硬碟」）和筆記型電腦。

- 本專利被簽發於 2001 年 7 月 3 日。

- Flash memory 記憶體是一種固態，非易失性存儲設備。固態存儲設備缺乏移動部件，因此，比傳統的硬碟驅動器更耐衝擊。非易失性

存儲設備不需要電源存儲保存在其中的信息。易失性元件，相比之下，丟失信息存儲在他們當他們從電源斷開。例如，隨機存取存儲器（RAM），在筆記型電腦或桌上式電腦存儲器中，當電腦處於關閉狀態，它所包含的任何信息會丟失。

- 在 Flash memory，信息存儲在一個二進制格式的電晶體「cells」中。二進制數據的集合，無論是每一個 bit 代表的不是 0 就是 1。每個 cell 中的 Flash memory 陣列代表值 0 或 1。

- Block-erasable flash memory，不能簡單地「清除」或「reset」個體 cell。相反，一個負電荷，必須適用於整個 cell 的「block」。也就是說，對於一個單一的 cell 由 0 變到 1，整個 flash memory 的規定，必須「reset」到最初的「1」狀態。如何根據特定的 Flash memory 設備設計，該設備可能會包含一個 block（因此，整個裝置就必須刪除，以從 0 變回 1）或多個獨立 block 可能會被重置。

- Flash memory 元件相反，傳統的非揮發性存儲設備，如磁性硬碟，能夠由 0 變到 1，無中間刪除步驟（雖然他們只能在 block 中讀取和寫入）。由於這些設備可以改變一個特定的 bit 從 0 到 1 或 1 到 0，沒有限制次數的時候，他們被稱為「多寫」。與此相反，Flash memory 是「單寫」。

- 文件系統是作業系統的一部分，它能管理存儲設備上的文件。一種常見的方式管理文件是使用分層結構，通常被稱為「文件夾」或「目錄」。這些目錄包含的文件和其他目錄或子目錄。

- 這些傳統的文件系統被設計為「多寫」設備，而不是「單寫」設備，如 Flash memory。該'642 專利描述的文件系統，支持 byte-addressable 和 block-erasable nature of flash memory 的性質，同時提

供支持傳統的文件系統的功能。

- 它是一個對象本發明提供一種方法可以將數據存儲在一個文件存儲設備，特別是，塊擦除，閃光燈可擦除可編程只讀存儲器。

這是另一個對象本發明提供一台電腦的內存管理器分配和釋放內存塊擦除 FEProm。

這是另一個對象本發明提供一種方法來跟蹤次數已擦除塊在塊擦除 FEProm。

這是另一個對象本發明提供一塊擦除 FEProm 與數據結構，有利於內存分配。

這是另一個對象本發明提供一種方法分配一個塊的存儲數據。

這是另一個對象本發明提供一種方法回收釋放的空間塊擦除 FEProm。

這是另一個對象本發明提供了文件系統的塊擦除 FEProm。

這些和其他對象，這將成為明顯的發明更充分下述，已獲得的方法和系統管理內存中的塊擦除，閃光燈可擦除可編程只讀存儲器。在優選的實施，該系統包括一個塊擦除 FEProm 一個塊頭，塊分配表，數據存儲區，塊分配例程選擇一個塊中存儲數據，數據區分配例程選擇一進入該區塊分配表和部分數據存儲區，存儲例程用於存儲數據。在首選的實施例中，該系統包括一個文件管理器來實現文件系統的塊擦除 FEProm。

5. U.S. PATENT NO. 5,902,350：

- 該'350 專利，名為「在十字路口，通過一轉巷生成移動路徑」由 Haruhisa Tamai 和 Simon Desai 發明。

- 該專利是 1999 年 5 月 11 日發行。

- TomTom 公司是'350 專利的唯一受讓人，並擁有所有權利，控告和恢復過去，現在和將來侵犯了'350 專利的公司。

- TomTom 主張被告微軟侵犯，並繼續侵犯了'350 專利的行為違反了美國法典 35§271(a)(b)(c)，使用，許諾銷售或者銷售的產品，包括 Microsoft Streets 和旅遊產品，是涵蓋在'350 專利內。

- 這些產品是特別製造或特別適合用於在'350 專利。侵權產品沒有大宗物品或商業商品適合大量非侵權使用，其使用的材料構成其專利方法的一部分。

- 微軟已收到'350 專利的通知，並繼續其侵權活動，儘管收到上述通知。

- TomTom 公司遭受並繼續遭受破壞和不可彌補的損害，因為被告對'350 專利的侵權。

- 本發明提供了一種方法和裝置產生的一種手段表示有一個路口轉彎線連接器，什麼是一致的司機看到的和期望。它解決了問題確認之於倒塌的轉線連接器插入的主要部分路口，在適當時為宗旨生成一個機動指標的驅動程序。

根據本發明的一個方面，它提供了一種方法提供機動跡象，司機有一個路口轉彎線連接的步驟，其中包括：(一)確定是否包括路口轉彎線連接器，(二)包括一個路口時，右轉車道連接器，確定它是否合適的折疊右轉車道進入主相交部分的用途產生機動指標，(三)折疊右轉車道進入路口時是合適的，(四)產生一個機動指標的倒塌路口，以及(五) 在演習指示輸出到用戶的時間，以便驅動程序可以使用轉線連接，如果需要。據另一個方面的意向，它包括一個器具實行上述介紹的方法。這些和其他方面的發明將成為一種顯而易知的普通技術

在藝術參照其餘部分的規格和圖紙。

6. U.S. PATENT NO. 5,938,720：

- 該'720 專利，名為「車輛導航系統的路線生成」，Haruhisa Tamai 為他的發明者。

- 本專利於 1999 年 8 月 17 日簽發。

- TomTom 公司是'720 專利的唯一受讓人，並擁有所有權利，控告和恢復過去，現在和將來侵犯了'720 專利的公司。

- 被告微軟侵犯，並繼續侵犯了'720 專利的行為違反了美國法典 35§271(a)(b)(c)製造，使用，許諾銷售或者銷售的產品，包括 Microsoft Streets 和旅遊產品，是涵蓋了'720 專利。

- 包括 Microsoft Streets 和旅遊產品，這些產品是特別製造或特別適合用於在被侵權的'720 專利。侵權產品沒有大宗物品或商業商品適合大量非侵權使用，其使用的材料構成其專利方法的一部分。

- 微軟已收到'720 專利的通知，但仍繼續其侵權活動。

- TomTom 公司遭受並繼續遭受破壞和不可彌補的損害，因為被告對'720 專利的侵權。

- 本發明提供的方法和裝置發電的路線從源地點到最終目的地，有一個數字的優勢在著名的 A＊上述圖檢索算法。根據一個實施例中，兩個端執行檢索的原則基礎上的 A＊算法。也就是說，兩條航線是同時產生，一個從源頭到目的地，一個從目標到源。

  另據化身，這條路線生成算法發明確定何時停止尋找路線的候選人。該算法檢索一個地圖數據庫為第一迭代次數，從而產生了第一線的候選人。生成後的第一條路線的候選人，在檢索的地圖資料庫，終止後，第二個數字增加迭代可能會或可能不會產生額外的路

線的候選人。一個最好的路線，然後選定爲候選人的路線。

另據化身，路線生成算法，使檢索更有效的地圖數據庫，排除某些類型的路段從檢索人口。該算法檢索地圖數據庫的多個迭代，從而生成一個或多個路線的候選人。在檢索的數據庫，該算法確定了第一路段具有第一級與此相關。一旦這樣的路段被確定，其他所有路段有排名低於第一級被排除在隨後的檢索。一個最佳路線的候選人，然後選自路線的候選人。

據還有一個體現，這條路線生成算法，本發明的特點操縱檢索區域用於檢索地圖數據庫，從而剪裁檢索區域對應於特定區域特點的數據庫被搜查。該算法擴大了檢索區域，以檢索地圖數據庫的路段要包含在生成的路線。檢索區域至少一個參數與此相關。在檢索的地圖數據庫，該算法確定是否檢索區域包括一個部分的地圖數據庫的特點是方格圖案。如果確實如此，該參數關聯的檢索區域進行操作。該參數可能是，例如，大小的檢索區域。在這種方式，檢索區域的大小可以調整，以帳戶爲特定密度數字化地圖區域。

7. U.S. PATENT NO. 6,600,994：

- 該'994 專利，名爲「快速選擇目的地的汽車導航系統」Ari I. Polidi 爲它的發明者。

- 該專利於 2003 年 7 月 29 日簽發。

- TomTom 公司是'994 專利的唯一受讓人，並擁有所有權利，控告和恢復過去，現在和將來侵犯了'994 專利的公司。

- 被告微軟侵犯，並繼續侵犯了'994 專利的行爲違反了美國法典 35 § 271(a)(b)(c)製造，使用，許諾銷售或者銷售的產品，包括 Microsoft Streets 和旅遊產品，是涵蓋了'994 專利。

- 包括 Microsoft Streets 和旅遊產品，這些產品是特別製造或特別適合用於在被侵權的'994 專利。侵權產品沒有大宗物品或商業商品適合大量非侵權使用，其使用的材料構成其專利方法的一部分。
- 微軟已收到'994 專利的通知，但仍繼續其侵權活動。
- TomTom 公司遭受並繼續遭受破壞和不可彌補的損害，因為被告對'994 專利的侵權。
- 本發明的方法和裝置，包括經營汽車導航系統。一個紀錄保持各目的地選擇多個用戶的系統。對於每個用戶，設置目的地最常見的由用戶選擇決定的基礎上，選定目的地的記錄。一個確定了哪些是對用戶是當前用戶的系統，並針對第一次接受預定從當前用戶的輸入，列表顯示的目的地是對應於最常見的選擇的目的地與當前用戶。第二個輸入收到從當前用戶選擇一所顯示的目的地，並計算路由到選定的目的地。

8. U.S. PATENT NO. 6,542,814：

- 該'814 專利，名為「動態顯示的方法及裝置」Ari I. Polidi 和 Gunda Govind 為他的發明人。
- 該專利於 2003 年 4 月 1 日簽發。
- TomTom 公司是'814 專利的唯一受讓人，並擁有所有權利，控告和恢復過去，現在和將來侵犯了'814 專利的公司。
- 被告微軟侵犯，並繼續侵犯了'814 專利的行為違反了美國法典 35 §271(a)(b)(c)製造，使用，許諾銷售或者銷售的產品，包括 Microsoft Streets 和旅遊產品，是涵蓋了'814 專利。
- 包括 Microsoft Streets 和旅遊產品，這些產品是特別製造或特別適合用於在被侵權的'814 專利。侵權產品沒有大宗物品或商業商品適合

　　大量非侵權使用，其使用的材料構成其專利方法的一部分。

- 微軟已收到'814 專利的通知，但仍繼續其侵權活動。

- TomTom 公司遭受並繼續遭受破壞和不可彌補的損害，因為被告對'814 專利的侵權。

- 為了解決上述問題，本發明提供的方法及裝置提供信息有關的景點車輛導航顯示。即將到來的興趣點的距離內指定的變量是動態顯示。按照本發明，興趣點顯示的交替決心按照車輛目前的位置在一個人口稠密的數字化的區域，如一個城市，它的位置沿著更多的農村路線，或車輛是否沿路線計算由車輛導航系統。為了實現上述目標，本發明提供了一種電腦實現方法及裝置提供了一個多元化顯示的興趣點結合的車輛導航系統。根據目前的一個方面的發明，汽車導航系統配置，以確定和顯示數個興趣點與參照車輛的位置，並自動重複顯示的多元性的興趣點，以反映變化的車輛的位置。距離參照車輛定位於一體的體現，是取決於車輛的速度。還提供過濾機制，其中顯示的景點可以限制用戶選擇的參數或類別。

　　在另一本發明的體現，車輛導航系統的配置，使多元化的興趣點是在一個半徑確定的當前位置時，目前的位置是在一個數字化密集區。當車輛在一個人口稠密數字化領域，多元化的興趣點前面沿著目前的道路在一秒內的距離。當汽車導航系統是運行在導航模式之下，數個點位於距離內三分之一計算路線沿著從可用點沿線。

　　在另一個方面，本發明，車輛導航系統配置，以確定一個多元化的興趣點用一條走廊相對應的車輛的位置。

- 被告微軟侵犯，並繼續侵犯了'814 專利的行為違反了美國法典 35§271(a)(b)(c)製造，使用，許諾銷售或者銷售的產品，包括

Microsoft Streets 和旅遊產品，是涵蓋了'814 專利。

- 包括 Microsoft Streets 和旅遊產品，這些產品是特別製造或特別適合用於在被侵權的'814 專利。侵權產品沒有大宗物品或商業商品適合大量非侵權使用，其使用的材料構成其專利方法的一部分。

- 微軟已收到'814 專利的通知，但仍繼續其侵權活動。

- TomTom 公司遭受並繼續遭受破壞和不可彌補的損害，因為被告對'814 專利的侵權。

四、技術如何被利用？

　　微軟是擁有的所有權利，所有權和利益，美國專利號 6,175,789，7,054,745，6,704,032，7,117,286，6,202,008，5,579,517，5,758,352 和 6,256,642（統稱「微軟專利中反訴」），而被告直接侵犯和／或引誘他人侵犯了製造、使用，許諾銷售或者銷售在美國，或進口到美國，產品或技術的發明聲稱這種做法在微軟的專利中，提起訴訟。

　　微軟專利侵權在反訴之前被告已得到獲利的。因此被告的不法侵害的微軟專利中，專利訴訟，微軟遭受並將繼續受到損害。微軟有權向被告收回所遭受的損害微軟因此被告的非法行為。

　　被告人侵犯的微軟專利中構成故意和蓄意侵犯，微軟有權增強損害賠償及合理的律師費和訴訟費。微軟提供 TomTom NV 通知，指控被告侵權在 2008 年 6 月 13 日，經由被告 TomTom 公司的首席技術總監 Peter-Frans Pauwels 公司收到通知，微軟的侵權指控。

　　第'517 和'352 項專利項目中提及到外地的電腦操作系統，文件系統和文件名。具體來說，它們涉及到執行的長和短文件名在同一個文件系統。一個文件系統是一種方法組織，存儲、檢索、導航和訪問數據。一個常見的例子是 FAT16 文件系統，它使用到了 MS-DOS 和早期版本

的 Windows 操作系統。此文件系統層次結構組織數據作為套「文件夾」（或「目錄」）和「文件」。「文件名稱」是用來描述且標識一個文件並將其存儲（在 FAT16 的系統）在「direct entry」的磁區上。也些文件系統會限制文件名的長度，有些文件系統，只允許極短的文件名。例如，在 FAT16 文件系統，文件名不能超過 11 個字符長。這種限制往往能夠阻止用戶從他們的文件給予足夠的描述性名稱。

第'517 和'352 項專利項目在描述一個創新的系統，可以支持長文件名和短文件名並且還能夠保持兼容性。這種兼容性是通過創建一個短文件名的基礎上部分長文件名（不能超過最大字符數支持短文件名的系統或應用程序）中的目錄項的文件，與一個或多個額外的目錄條目持有長文件名。這些額外的目錄條目都是隱藏的短文件名系統，通過各種屬性的字段，但可見的長文件名系統。

portable navigation computing device 使用的系統中使用到 '517 和 '352 專利項目中的描述，一個短文件名系統可以讀取目錄條目包含短文件名稱，但會忽略的目錄條目（或項目），其中包含長文件名。長文件名系統可以訪問和操縱這些長文件名並因此在這樣的一種方式，以確保兼容性與短文件名系統。

第'642 項專利項目涉及到外部的管理文件儲存在 block-erasable flash memory。flash memory 用在各種 portable navigation computing device，包括便攜式導航設備，數位音樂播放器（如「MP3」的播放器），行動電話，數位相機，便攜式驅動器（例如，「拇指驅動器」或「USB 硬碟」）和筆記本電腦。flash memory 是一種固態，非易失性存儲設備。固態存儲設備缺乏移動部件，因此，更耐衝擊比傳統的硬碟驅動器。非易失性存儲設備不需要電源存儲的信息保存在其中。易失性器件，相比之下，

當他們失去電源時將會丟失儲存在他們之中信息。例如，當電腦關機後隨機存取存儲器（RAM）將會失去電腦儲存在內的訊息。

在 flash memory 中，信息存儲在一個數組中的二進制格式的電晶體「Cell」。二進制數據位的集合，每一位代表 0 或 1。每個單元格中的 flash memory 陣列代表位代表「value」0 或 1。但是 Block-erasable flash memory 不能簡單地「erase」或「reset」個體 Cell。一個負電荷，必須適用於整個「block」的細胞。也就是說，對於一個單一的細胞，整個 flash memory 必須「reset」到最初的「1」時，其狀態才會由 0 到 1 改變。

傳統的非揮發性存儲設備，如磁性硬碟，與 flash memory 相反的記憶體元件，無中間步驟也能夠改變或刪除一個 0 到 1（儘管他們只能讀取和寫入數據塊）。文件系統是作業系統的一部分，它負責管理文件在設備上的儲存。一種常見的方式管理文件是使用分層結構，通常被稱為「folders」或「directories」。這些目錄包含的文件和其他經常目錄或子目錄。

這些傳統的文件系統被設計為「multiple-write」設備，而不是「single-write」設備，如 flash memory。第'642 項專利項目描述的文件系統，支持字節尋址和 Block-erasable flash memory 的性質，同時提供支持的文件系統提供的功能的傳統的文件系統。

五、侵權法條

Microsoft 是依照 19 U.S.C. §§1337(a)(2)-(3), 28 U.S.C. §§1331 and 1338(a), 28 U.S.C. §§1391(b), 1391(c)和 1400(b) 起訴 TomTom。而 TomTom 起訴 Microsoft 是按照 28 U.S.C. §§1331 and 1338(a), 28 U.S.C. §§1391 and 1400(b), 35 U.S.C. §§271(a)(b)(c)。

35 U.S.C.　§271(a)(b)(c)：

(a)除了另有規定外，凡未經授權製造，使用，許諾銷售或者銷售任何
專利發明，在美國，或進口到美國的任何專利的發明在專利任期爲
此，侵犯專利。

(b)不論誰侵犯專利，都應當要承擔做一個侵權者。

(c)任何允許銷售到美國或進口到美國的組件的專利機械，製造，組
合，或構圖，或材料或器具的使用實行專利方法，明知其爲一個重
要部分發明，仍然去侵犯並且生產或製造或販賣者，應承擔作爲一
個款式的侵權者。

19 U.S.C.　§1337(a)(2)-(3)：

(a)非法活動；涵蓋行業及定義

(2) Subparagraphs (B), (C), (D)以及 (E) of paragraph (1) 僅適用於一個
行業在美國，涉及到專利保護的文章、版權、商標、掩模或設計
而言，存在或在此過程中正在建立。

(3) paragraph (2)的目的在於，一個行業在美國應視爲存在，如果不
是在美國，特別是關於條款保護的專利、版權、商標、掩模或設
計方面：

(A)重大投資，廠房及設備；

(B)重大的就業勞動力或資本，或者

(C)大量投資在開發，包括工程設計，研究和開發，或許可。

28 U.S.C.　§1331：

小麥是一個國家基本的食物來源，其每年在全國範圍內的銷售市場，
全美國有一萬個以上的農民從事小麥的農業生產，並在小麥或麵粉流動幾
乎完全通過工具州際和對外貿易從生產者到消費者身上。

　　過度異常和異常的小麥供應不足的國家廣闊的市場尖銳和直接影響，負擔，阻礙州際和對外貿易。異常偏多，負擔過重的設施州際和外國交通，擁擠的終端市場和加工中心在小麥從生產者流向消費者，降低小麥的價格在州際和對外貿易，以及以其他方式破壞市場秩序等此類商品電子商務。供應不足導致異常的流量不足的小麥和其產品在州際和對外貿易與隨之而來的有害影響的工具等商業和過多增加小麥的價格和其產品在州際和對外貿易。

　　正是在利益的一般福利，州際和對外貿易中的小麥及其製品受到保護，這樣的負擔和痛苦盈餘短缺，而小麥供應將保持這足以滿足國內消費和出口需求的年乾旱，洪水和其他不利條件，以及在多年的充足，土壤資源的民族是沒有白費，在生產這種繁瑣的盈餘。這些盈餘導致災難性的價格低廉的小麥和其他穀物的小麥生產國，破壞購買力糧食生產者的工業產品，並減少對農業資產價值支持國家信貸結構。這種短缺，導致小麥價格過高的麵粉和麵包的消費者和市場銷路損失了小麥生產者。

　　條件影響生產和銷售的小麥是這樣，如果沒有聯邦援助，農民，單獨或合作，不能有效地防止再次發生此類盈餘和短缺和負擔對州際和對外貿易由此產生，維持正常的供應小麥，或為有序的營銷及其在州際和對外貿易。

　　這是種植小麥，不出售規定的日期之前，由局長處理過剩畝小麥是除小麥和總供給有直接影響小麥的價格在州際和對外貿易，並可能也影響了供應和價格的牲畜和畜產品。在這種情況下，小麥沒有出售在上述日期前必須考慮的相同方式，採取機械收穫小麥，以達到政策的一章。

　　大量的轉移到小麥種植面積從生產商品的供應過剩或將在供應過剩，如果允許他們在改行種植面積將負擔，阻礙，嚴重影響州際和對外貿易等

商品，並會嚴重影響這些商品的價格在州際和對外貿易。微小變化的一種商品的供給可以創造足夠的盈餘，嚴重影響這些商品的價格在州際和對外貿易。大的變化在供應這類商品的原因可能更嚴重影響了商品的價格在州際和對外貿易，也可以負擔過重的處理，加工，運輸設施，通過它的流量州際和對外貿易等商品是針對。這種生產過剩所造成的不利影響在一年內可能會進一步導致供應不足的商品在隨後的一年，造成過多的增加商品的價格在州際和對外貿易在這樣的一年。因此，有必要防止挪用從生產種植面積的小麥被用於生產商品的供應過剩或將在供應過剩，如果允許他們種植面積的轉移。

本部分的各項規定，提供一個合作計畫，以小麥生產是必要的，以盡量減少經常性盈餘和短缺，小麥州際和對外貿易，提供足夠的維修物資儲備不足，提供足夠的有序流動小麥及其製品的州際和對外貿易中的價格是公平合理的農民和消費者，並防止轉移了種植面積的小麥生產產生不利影響到其他商品，州際和對外貿易。

28 U.S.C.§1338(a)：

(a)地方法院有任何民事訴訟法所引起的任何國會與專利，植物品種保護，版權和商標的最初審理權。擁有這種管轄權的法院具有排他性的國家專利，植物品種保護和版權的案件最初審理權。

28 U.S.C.§1391：

(a)公民的民事訴訟管轄權是建立在多元的公民權，除非法律另有規定，只有在以下情況發生：

(1) 在任何一個被告所在的司法管轄區，如果所有被告居住在同一國家，則在那個司法管轄區審判。

(2) 當一部分的事件或或其中相當一部分財產遺漏引起索賠發生，則

做爲司法判決依據。

(b)民事訴訟的管轄權完全不成立的公民可多樣性，除非法律另有規定的，只有在以下情況發生：

(1) 任何一個被告所在的司法管轄區，如果所有被告居住在同一國家則在那個司法管轄區審判。

(2) 當一部分的事件或或其中相當一部分財產遺漏引起索賠發生，則做爲司法判決依據。

(c)根據管轄地的區分這一章中，被告若是財團法人應被視爲在任何司法居住區。在一國擁有超過一個司法區，並在其中一被告是一家公司是受人管轄權當時是一個動作的開始，這樣的公司應被視爲在任何地區足以使其受到的個人管轄權居住在該國中，如果該地區是一個單獨的國家，該公司應被視爲在區內居住最重要的接觸。

(d)僑居的人可在任何地區被起訴。

28 U.S.C. §1400(b)：

(b)例外

所有包含於 subsection (a)的所要申請的專利應用都必須遵守這個章節所提到的全部子章節，除了以下條件外：

(1) 應當要求無期的居住地或指定時間內實際存在美國或任何在美國國家或地區的服務；

(2) 任何服務於或是曾經服務於軍事，航空，海軍者，美國應經正式認證授權。行政部門根據該申請人的服務單位或是曾經服務的單位去進行授權，並且記載申請人現役期間或役期間是否曾參與過由總統頒布的行政命令。無論是在第一次世界大戰期間開始或在1939 年 9 月 1 日，1946 年 12 月 31 日間結束，或在一個階段的

開始 1950 年 6 月 25 日，1955 年 7 月 1 日間結束，或在一個階段的開始 1961 年 2 月 28 日，結束於總統頒布的行政命令。或是參與過越戰或是美國武裝部隊或曾從事軍工涉及武裝衝突的行動以及對敵對的外國勢力進行軍事行動，然後光榮的退役者。

六、相關訴訟

相關訴訟：

- 美國專利和商標局複審案件號 90/007371，並證實其有效性的為'517 專利。

- 美國專利和商標局複審案件號 90/007372，並證實其有效性的'352 專利。

- 一個對外國的訴訟關於'517 和'352 專利被提出（專利號 69429378 德國），是德國的課題掛起無效訴訟，於 2006 年。

- 一個抗議在九月 24,2004 在加拿大被提出，向'517 和'352 專利（申請號：2120461）；通知發出的津貼 8 月 18 日，2008 年。另一個抗議被提出在九月 16,2008，正在等待。

- 除了上面列出的實例，沒有法院或其他機構目前正在參與了微軟的專利，在過去也沒有任何法院或機構。

七、要求判決與賠償

Microsoft 要求 TomTom：

(i.) 根據美國關稅法第 33 條，希望立即對被告作出調查，判斷被告是否違反 19 U.S.C. §1337。

(ii.) 希望能夠在 12 個月內完成。

(iii.)希望安排和進行聆訊，根據 Section 337(c)，目的是有關聽證會爭論是否有違反 337 條款，並按照聽證會，以確定發生了違反第

337 條。

(iv.) 簽發永久排除令，根據美國法典 1901337(四)，擬議被訪者產品侵犯了一項或幾項專利包括美國專利號 6175789，7054745；5,579,517 人；5758352 和 6256642 禁止進入美國。

(v.) 發出永久停止令，根據美國法典 1991337(六)，禁止被申請人及有關公司人從事進口，出售進口，銷售，分銷，提供銷售，進口後銷售，或以其他方式轉讓在美國侵犯美國專利第 6,175,789; 7,054,745;5,579317;5,758,352 和 6,256,642 的產品。

(vi.) 其他問題，委員會根據公正和適當的法律規定做進一步減免作爲，基於委員會的權利與事實的調查確定該審議。

TomTom 要求 Microsoft：

(i.) 初步的和永久責令微軟及其附屬公司，管理人員、董事、僱員、代理人、律師，以及所有與侵犯'350，'720，'994 和'814 專利相關的人。

(ii.) 根據 35 U.S.C. §284 判給損害賠償、費用、利息給 TomTom 公司。

(iii.) 若是故意違反 TomTom 公司所擁有的專利，根據 35 U.S.C. §284 賠償其損失的三倍。

(iv.) 根據 35 U.S.C. §285，合理的支付 TomTom 公司本次的開銷和律師費。

八、審判結果

針對 337 調查部分，微軟已於 2009/03/27 先向 ITC 請求撤回對 TomTom 的告訴（案號 Docket #2654）。由此可看出，雙方可能已達成協議，並且以和解收場。

案例二、手機公司 MSTG 控告 7 家手機及通信業者

摘要

南韓公司 MSTG 以手機相關標準技術開發及其相關智財授權為主的公司。於 2009 年 6 月 18 日於美國伊利諾州北區聯邦法院，向 7 家手機及通信業者提告，據其訴狀指出，被告 7 家公司任意和故意侵犯了（willfully and deliberately in violation）MSTG 所主張的美國專利三件（系爭專利：US5,920,551、US6,198,936、US6,438,113）之製造、使用、銷售、行銷及進口等行為，見表 5-3。該訴訟案，係有關於 3G 手機通信技術，被告 7 家手機及通信業者：宏達電、宏達電美國公司、摩托羅拉、Palm、Sanyo、Sprint、T-Mobile。其中 Sprint 及 T-Mobile 這 2 家通信業者，係因提供涉案手機的服務及產品銷售行為而挨告。

MSTG 公司所取得該三件系爭專利皆是接受讓與自韓國電子通訊研究院（Electronics and Telecommunications Research Institute, ETRI）。ETRI 屬於韓國政府補助進行技術開發的研究機構，但 ETRI 所開發技術集中於光通訊、無線通訊、數位匯流與關鍵電子零組件開發等。

一、介紹

1. MSTG 公司所取得該三件系爭專利皆是接受讓與自韓國電子通訊研究院（Electronics and Telecommunications Research Institute, ETRI）。

表 5-3　系爭專利

系爭專利	US5,920,551	Channel structure with burst pilot in reverse link [9]
	US6,198,936	Method for transmitting and receiving control plane information using medium access control frame structure for transmitting user information through an associated control channel [10]
	US6,438,113	Method for sharing an associated control channel of mobile station user in mobile communication system [11]

ETRI 屬於韓國政府補助進行技術開發的研究機構，但 ETRI 所開發技術集中於光通訊、無線通訊、數位匯流與關鍵電子零組件開發等。

韓國電子通訊研究院（ETRI）成立於 1976 年，為一非營利政府贊助的研究機構，韓國提供卓越技術的先鋒單位。過去 ETRI 已成功的發展資訊科技包含 TDX-Exchange、高密度半導體微晶片、超迷你電腦（TiCOM）、數位行動通訊系統（CDMA），在韓國的資訊和通訊產業中被公認為領先研究機構，同時該組織也致力於在資訊和通訊產業中達到首屈一指的地位，並作為產學研究及企業之間技術的橋樑，與國內相當的機構類比，相當於國內的工研院（ITRI）。

2. MSTG 所主張七家被告公司所侵犯的的美國專利有三件（系爭專利：US5,920,551、US6,198,936、US6,438,113）之製造、使用、銷售、行銷及進口等行為。

3. 摩托羅拉總公司的地址為 1303 East Algonquin Road, Schaumburg, Illinois 60196。摩托羅拉大部分產品與無線電有關，從收音機的電池整流器，到世界首部無線對講機、防禦電子學和行動電話製造。公司的另一個強項是半導體技術，其中包括電腦使用的晶片。摩托羅拉是蘋果電腦的 Power Macintosh 個人電腦所使用微處理器的主要供應商，其中所使用的 PowerPC 系列晶片是與 IBM 共同開發，與蘋果電腦保持合作關係（成立了 AIM 聯盟）。摩托羅拉有另外一條通信產品的產品線，包括衛星系統、數字式有線盒和調製解調器。本訴訟中原告提出有侵權的手機型號為「RAZR VE20,」「RAZR2 V9x,」 and 「Q9c」。

4. Sprint（斯普林特），1889 年在堪斯州創立,起步時不過是一家鄉村的水利、電力及電話公司。斯普林特公司是一家控股公司，擁有兩家各

自獨立經營的電信公司：斯普林特 FON 和斯普林特 PCS。斯普林特 FON 公司從事固定電話服務包括地話、長途和網際網路傳輸、電信設備分銷，話簿出版，以及代表斯普林特公司在其他電信企業投資等業務。該公司在美國 18 個州擁有 800 多萬線路，並運營著一級網際網路骨幹網路。斯普林特 PCS 公司的全數字無線網路使用 CDMA 技術，服務於美國 50 個州、波多黎各和處女島，擁有大約 1280 萬用戶。德國電信和法國電信各擁有斯普林特公司大約 10% 的股份。美國 Sprint Nextel 公司是美國第三大行動電信公司，是全球化的通訊公司，在將長途、地方與無線通訊服務整合領域位居領先地位，公司同時還是一家互聯網通信運營商。公司建設並運營這美國首個全國範圍的全數位光纖網路，是領先的數據通訊服務商。公司的年收入高達 239 億美元，為超過 2300 萬家企業和居民提供服務。

5. T-Mobile USA 前身是 VoiceStream（已收購無線運營商 PowerTel, Aerial 和 Omnipoint）。VoiceStream 在 2001 年 5 月被德國電信以 240 億美元收購。總部設在華盛頓 Bellevue。T-Mobile USA 是美國市場上第三大運營商，也是繼 Verizon Wireles 之後的超過 160 萬用戶的的第二大成長最快的公司，平均每季度增長 1 百萬用戶。它也是唯一一家在歐洲和美國使用統一品牌的行動電話公司。通過國際漫遊協定連接到德國電信並與其他 GSM 網路兼容，T-Mobile USA 比任何一家美國無線運營商提供更多的全球範圍內更多的覆蓋面積。2004 年，T-Mobile USA 被授予了 J.D.Power 和 Associates 的幾個獎項，包括「2004 無線用戶服務最高評價獎」和「2004 無線零售服務海外用戶最滿意獎」。

6. Palm Computing 公司在 1993 年由傑夫‧霍金（Jeff Hawkins）和 Donna Dubinsky 共同創立。1994 年，Jeff Hawkins 發明了一種稱為

「Graffiti」的手寫輸入方法，只需簡單的學習，人們就能很快掌握書寫規則，在掌上電腦上可以達到幾乎和正常手寫一樣的識別速度和識別正確率，這樣便有效的解決了掌上電腦上的手寫識別問題（比如 Apple Newton），因此 Graffiti 在 Newton 用戶中很受歡迎。訴訟中原告指出 Palm Computing 公司所侵權的產品型號為「Treo Pro,」「Centro,」「Pre」和「Treo 755p」。

7. 宏達國際電子股份有限公司（HTC Corporation，英文舊全名 High Tech Computer Corporation），常簡稱為 HTC 或宏達電，是一家位於台灣桃園的科技公司，成立於 1997 年 5 月 15 日，為威盛電子轉投資的公司，是全球最大的智慧型手機代工廠商，全球最大的 Windows Mobile 智慧型手機生產廠商，微軟 Windows Mobile 最緊密的合作夥伴之一，壟斷了 Windows Mobile 手機 80% 左右的市場份額。旗下擁有 Qtek 通路品牌，宏達電擁有多普達的股權，並提供技術和手機給多普達。宏達電現任董事長是王雪紅，行政總裁是周永明。2008 年 6 月，公司正式英文名稱自 High Tech Computer Corporation 更名為 HTC Corporation。 宏達電公司口號為「smart mobility」，常出現於公司商標上。另外，為強調創新精神，另一句口號「HTC Innovation」也常出現於其產品以及廣告上。2009 年 10 月，宏達電提出新品牌定位 Quietly Brilliant，並推出全球性的廣告系列 YOU campaign[1]。2010 年 7 月 27 日宏達電正式以 HTC 品牌進軍中國[2]，而在中國保留長達 5 年之久的 dopod 品牌將隨之前的 Qtek 一樣逐漸淡出市場，多普達通訊的業務也將全面與宏達電合併。HTC 致力於提升智慧型手機技術的成長和功能。 自成立以來，該公司已經發展出強大的研發能力、開創了許多全新的設計和產品的創新，並為全球電信產業的業者和經

銷商推出符合目前技術所及的 PDA 和智慧型手機。以台灣為根基，HTC 在佔公司總人數 25% 的強大研發團隊身上投入鉅資，同時也投資了世界級的高產量製造設備。HTC 是行動裝置業界中成長最快速的企業之一，並在過去幾年中，深獲消費者的肯定。美國「商業週刊」（Business Week）更評選 HTC 為 2007 年亞洲地區科技公司表現最佳的第二名，並在 2006 年將該公司列為全球排名第三的科技公司。訴訟中原告指出 HTC 所侵權的產品型號為「Dream」「Touch」「Touch Pro」和「Touch Diamond」。

8. 三洋電機株式會社（日語：さんようでんき）是日本大型電器公司，名列財富 500 強公司之一，主要瞄準中端市場，全球擁有 324 間辦公室及工廠與約 10 萬名僱員。三洋電機由井植歲男（1902 年－1969 年）於 1947 年成立，並於 1950 年組成株式會社，創辦人為松下幸之助的內弟以及松下電器前僱員。該公司的名字於日語中意思為「三個海洋」，指的是該公司的創辦人有將他們的產品銷售到世界各地，橫跨大西洋、太平洋與印度洋的抱負。三洋電機最初製造腳踏車鏈。1952 年製作日本第一部塑膠收音機並於 1954 年製造日本第一台攪拌式洗衣機。技術上來說三洋曾與新力關係良好，由發明開始到 1980 年代中期支持 Betamax 視像格式（1983 年英國最暢銷的錄影機為三洋的 VTC5000），並成為後來高度成功的 Video8 攝錄格式的早期採納者之一。近來三洋與新力表面上出現技術紛爭，三洋支持 HD DVD 而新力支持自己的藍光光碟格式，而至 2008 年，因華納兄弟、HBO 及沃爾瑪（Wal-Mart）等企業的退出，HD DVD 的領導者東芝公司宣佈終止 HD DVD 相關硬體的開發跟生產。三洋於北美為 Sprint-Nextel 集團的 Sprint PCS 品牌製造 CDMA 制式手機。在 8 大手機生產商中三洋連續三年獲得 J.D. Power and Associates 的最高整體滿意度獎。本訴訟案中原告所提出三洋侵犯專利的產品為「Katana DLX」「Katana Eclipse」

和「Katana Eclipse X」。

9. 本法院針對被告的侵權有管轄權，因爲本專利訴訟案中所有被告在伊
利諾伊州皆有實質公司設立。

US Patent 5, 920,551
Channel structure with burst pilot in reverse link

摘要

　　一種用於執行反向連結同調解調的通道架構，適用於從多個行動終端
到基地台的寬頻分碼多工（CDMA）行動通信系統的傳送引導，其中引導
同步信號（burst pilots）在預定的時間內，分別被行動終端傳送出來，使
它們可以交錯在每個超幀（superframe）的起始點之間。該反向連結是根
據 IS-95 標準計畫所制定，再加上本發明實現的引導同步信號，有可能會
增加信號通道容量。基地台的接收端也可以有一個簡單且廉價的結構。

有關於此專利被侵害的條款，以下將詳細說明：

a. Claim 1：用於在寬頻分碼多工的行動通信系統中執行反向連結同調解
調的通道架構包括：多個分別傳送引導同步信號的行動終端，其中所
述的引導同步信號爲分別從多個行動終端輸出的訊號，使得能與同一
基地台的時間同步，並在預定的時間內傳輸，使參考與每個超幀的起
點錯開。

b. Claim 2：根據 Claim 1 所述之行動通訊，其中引導同步信號的持續期
間在任何 10、20、或 40 個調變符號（MS）上是固定的。

c. Claim 3：根據 Claim 1 所述之行動通訊，其中引導同步信號的持續期
間在任何 10、20、或 40 個調變符號（MS）上是可調的。

d. Claim 4：一種用於執行反向連結同調解調的通道架構，且使用寬頻分
碼多工技術的行動通信系統包括：由全部爲零的同步信號通道數據產

生的 PN 碼展頻，根據 I 和 Q 的通道試點 PN 序列所產生的引導同步信號；在同步信號和能源的比例中調整同步信號的持續時間。

e. Claim 5：根據 Claim 4 所述之行動通訊，其中還包括多個行動終端分別發送的引導同步信號，且該引導同步信號是在預定的時段內，從該行動終端傳輸給該基地台，以防止干擾。

f. Claim 6：根據 Claim 4 所述之行動通訊，其中引導同步信號是全部為零的脈波型式，且是由 PN 碼和載波信號展頻和調變所產生。

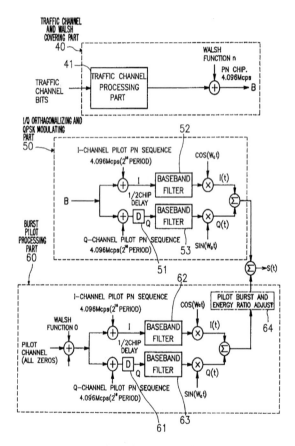

圖 1　是根據所提出的發明，反向連結一個領導頻道（pilot channel）的示意圖

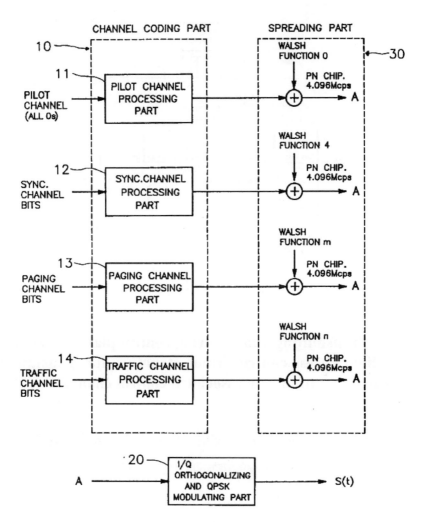

圖 2　通訊通道的示意圖

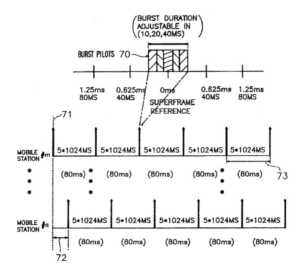

圖 3　反向連結中，導頻同步（barst pilot）的示意圖

US Patent 6,198,936
Method for transmitting and receiving control plane information using medium access control frame structure for transmitting user information through an associated control channel

摘要

本發明涉及一種使用 MAC 幀結構，用於傳輸和接收信息的控制平面。以傳輸用戶數據，通過相關的控制通道方法，使無線電資源之間形成一個移動台和基站可有效使用，第三代移動通信系統，需要一定規模的控制信息頻帶外信號方式，提供各種服務。該方法用於發送和接收信息之間的移動站和基站的移動通信系統中的步驟，包括從用戶平面和控制平面接收信息，構建一個框架，並轉遞指出這架飛機的決定通過相應的信息資料進行分析後（步驟 1）；和分析框架在收到信息通過相關管道，和接收信息使用的飛機相應的框架（步驟 2）。

所有權：

1. 信息傳輸和接收之間，移動台和基站的移動通信系統中的相關的控制通道，組成的步驟：構建一個鏈接接入控制（LAC）的框架層次後，收到的信息傳送從 3 個層次控制平面或用戶平面，並轉遞媒體接入控制（MAC）的層次；構建一個 MAC 幀定義一個指針，表示有飛機用戶的信息或呼叫控制信息和發送 MAC 幀通過物理層次；分析一個控制區的 MAC 幀的 MAC 層次接收後，通過相關的控制信息管道；轉遞 LAC 層次框架確定後飛機是否指示用戶信息或控制信息；和接收信息的使用層次 3 用戶平面或控制平面的合法性後，確定鏈接接入控制的框架。

2. 該方法根所有權 1，其中轉遞 LAC 的 MAC 幀層次包括步驟：轉遞請求後拉加幀控制信息傳輸到 MAC 層次，如果要傳輸的信息，收

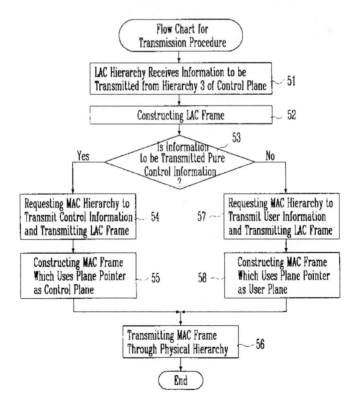

到了控制平面；LAC 和發送請求後，用戶信息傳輸到 MAC 層次，如果要傳輸的信息，收到了用戶平面。

3. 該方法根據所有權 1，其中轉交 LAC 步驟包括：通知 LAC 層次的用戶接收和發送信息到它的 LAC 框架，如果飛機指針指示的用戶信息；並通知 LAC 層次的綜合接待和傳送控制信息拉加幀到它，如果飛機指針指示的控制信息。

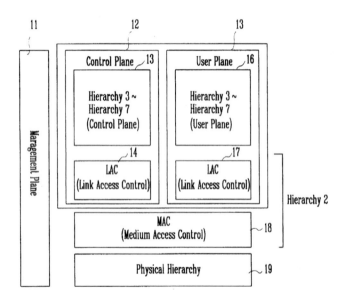

Fig 1. 為一個顯示該發明提出之無線通訊系統的結構圖

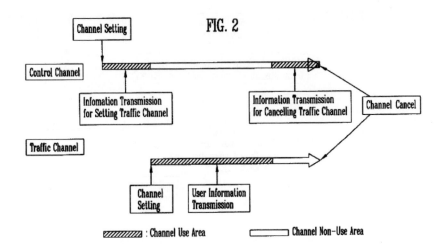

Fig 2.　顯示行動裝置和基地台之間通道的分配的關係

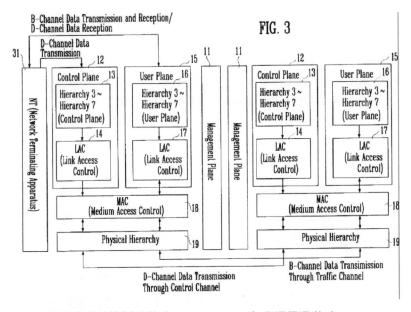

Fig3.　使用者利用控制通道（Control Channel）和通信通道（Traffic Channel）作資料傳送的結構圖

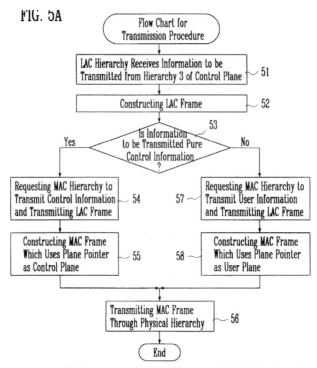

Fig 4. 利用 MAC frame 結構傳送和接收資料的流程圖

US Patent 6,438,113
Method for sharing an associated control channel of mobile station user in mobile communication system

摘要

在行動通信系統中，一個有關控制通道共享的方法被揭露，其中包括的步驟為：在行動終端和基地台之間分配一個實際相關的控制通道，以及為了讓用戶可以經由行動終端要求通信服務，而分配幾個邏輯通道給該控制通道。當行動終端接收到一個新的呼叫設置的請求，則設置一個邏輯鏈路的標識。且經由實際相關的控制通道傳送設定請求給基地台。邏輯鏈路標識所連接和設置的行動終端，當基地台接收到行動終端的連接請求時，完整通過實際相關的控制通道。完成連接設置後，就設定完成了一個用戶

信息傳輸的傳輸通道。

a. Claim 1：一個在行動通信系統相關的控制通道方法，包括以下步驟：
在行動終端和基地台之間分配一個實際相關的控制通道，以及分配幾
個邏輯通道給該控制通道。當行動終端接收到一個新的呼叫設置的請
求，爲了讓用戶可以經由行動終端要求通信服務，則設置一個邏輯鏈
路的標識。邏輯鏈路標識所連接和設置的行動終端，當基地台接收到
行動終端的連接請求時，完整通過實際相關的控制通道。

b. Claim 2：根據 Claim 1 所述，其中設置一個邏輯鏈路步驟包括：當
mobile station hierarchy 3 協定實體收到用戶設置新的要求，發送連接
請求意向給 mobile station hierarchy 2 協定實體，連接電話使用所需
的原始定義。當此 mobile station hierarchy 2 協定實體設置邏輯鏈路
標識和鏈結設置標誌不使用時，傳輸邏輯鏈路標識和鏈結設置標識給
base station hierarchy 2 通信實體，通過實際相關的控制通道。當 base
station hierarchy 2 協定實體收到邏輯鏈路標識和鏈結設置標誌，從
mobile station hierarchy 2 協定實體透過實際相關的控制通道發送一個
連接請求，爲了讓 base station hierarchy 3 協議實體使用合適的原始定
義；傳輸行動終端的連接設置請求，使用 base station hierarchy 3 協定
實體，給應用程序的層次結構。

c. Claim 3：根據 Claim 1 所述，其中通知步驟包括：當 base station 應用
層次可以接受連接設置，通知連接設置的 base station hierarchy 3 協定
實體，且傳輸連接接受的意圖 base station hierarchy 2 協定實體使用傳
統的 base station hierarchy 3 協議實體，藉由 base station hierarchy 2 協
定實體實際層次結構，設置相同的邏輯通信實體傳輸標識，然後傳輸
邏輯鏈路標識給 mobile station hierarchy 2 協定實體；通知請求連接

設置已完成的 hierarchy 3 協定實體，在層次結構間使用合適的原始定義，由 base station hierarchy 2 協定實體接收相同的邏輯鏈路識別，並通知收到連接請求的設置為應用層次。

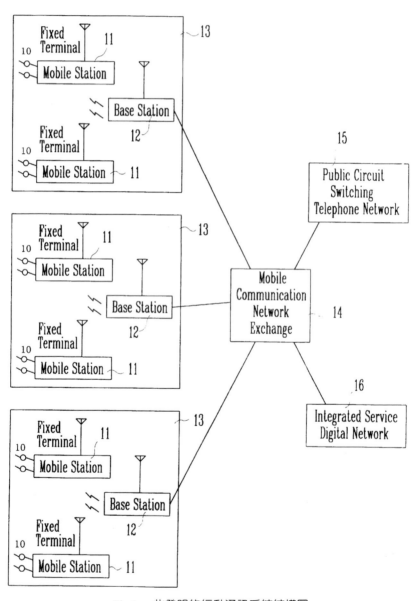

Fig 1. 此發明的行動通訊系統結構圖

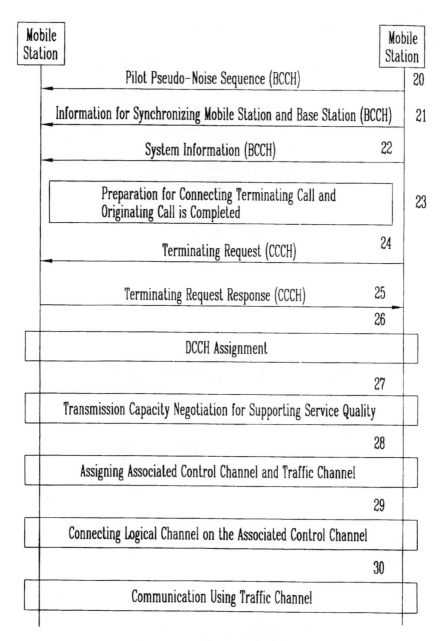

Fig 2.　通訊時的流程，其中行動裝置和基地台如圖 1 所示

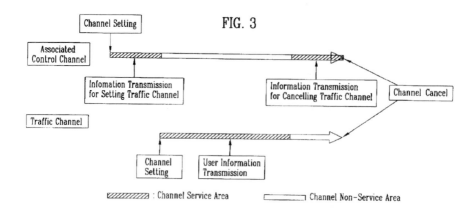

Fig 3. 顯示行動裝置和基地台之間通道分配的關係

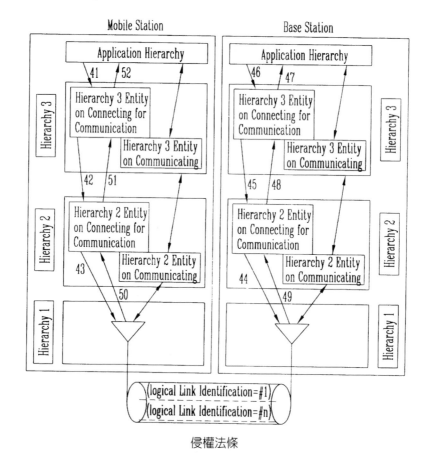

侵權法條

Fig 4. 顯示行動裝置和基地台中各層（Hierarchy）之間的關係

二、侵權法條

§1391. Venue generally

(d)外國人可能會被起訴的任何地區。

§1400. Patents and copyrights, mask works, and designs

(b)任何民事專利侵權訴訟可能帶來的司法被告人居住小區裡，或在被告實施的侵犯行為，並建立定期和營業地點。

三、技術如何被利用

1. 摩托羅拉侵犯了美國法典第 35 部第 271 條 a 項第 551 條專利，摩托羅拉公司所製造、使用、進口、銷售和出售的產品侵犯其上一個或多個以上的專利，包含了服務與技術的發明。這種行為包括製造、使用、進口、銷售和出售其在美國和進口到美國的「3G」或第三代行動通信技術標準或功能的移動蜂窩設備（包括行動電話、手機、智慧型手機、寬頻無線網路卡）的使用，其中包括利用其他方式使用或兼容更多行動電信的技術協議：通用移動通信系統（UMTS）、寬頻分碼多工（W-CDMA）、高速下行分組接入（HSDPA）、CDMA2000 EV-DO、CDMA2000 EV-DO 版本 0、CDMA2000 EV-DO 版本 A、CDMA2000 EV-DO 版本 B、CDMA20003X、CDMA2000 EV-DV，以及任何修改後續的網路接口、協議或技術，向下兼容網路接口、協議和技術，或統稱為「摩托羅拉 3G 行動設備」其中包括：RAZR VE20, RAZR2 V9x 和 Q9c，這種行為侵犯也包括製造、使用、銷售、分發、提供、測試、配置、銷售或出售在美國和進口到美國的任何所有實際和結構部件的任何網路。（如終端收發信系統、終端控制器、終端子系統、終端、移動交換中心、無線網路控制器和無線網路子系統），符合使用任何其他兼容 UMTS，W-CDMA、HSDPA、

CDMA2000 EV-DO、CDMA2000 的 EV-DO 版本 0、CDMA2000 EV-DO 版本 A、CDMA2000 的 EV-DO 版本 B、CDMA20003x 或 CDMA2000 EV-DV 的蜂窩移動電信網路（包括任何修改後續網路，這是確定的向後兼容接口、協議或技術網路接口），並與該摩托羅拉 3G 移動設備的使用（統稱爲「摩托羅拉 3G 移動蜂窩通信網路組件」）。

2. 摩托羅拉承諾，除非該法院停止提交申請這宗投訴，將繼續致力其行爲，構成 551 專利知識、 936 專利和 113 專利，瞭解且明知故犯 551 專利所有權一個或一個已上的侵權。 936 專利和 113 專利在美國法典 35 部 271 條 (b) 項通過，在美國製造、使用、分發、測試、配置、銷售、提供或導入上面提到的美國摩托羅拉 3G 移動設備等的蜂窩移動通信網路組件。

3. 摩托羅拉承諾，除非該法院停止提交申請這宗投訴，將繼續致力其行爲，構成 551 專利知識、936 專利和 113 專利，瞭解且明知故犯 551 專利所有權一個或一個已上的侵權。936 專利和 113 專利在美國法典 35 部 271 條 (c) 項通過，在美國製造、使用、分發、測試、配置、銷售、提供或導入上面提到的美國摩托羅拉 3G 移動設備等的蜂窩移動通信網路組件。

4. Sprint 已經侵犯了一個或多個 551 專利、 936 專利和 113 專利所有權，通過開展其他活動，在美國法典第 35 部 §271(a)，其製造、使用、進口、銷售或提供銷售的產品、服務和技術人員發明的一個或多個 551 專利、 936 專利和 113 專利所有權。包括製造、使用、營銷、分銷、提供測試、配置、在美國銷售和進口美國「3G」或第三代移動通信技術等這些侵權行爲。(包括行動電話、手機、智慧型

手機、寬頻無線網路卡)，利用符合或以其他方式相互兼容，使用一個或多個以上的手機行動通訊網路接口、技術或協議：通用移動通信系統（UMTS）、寬頻分碼多工（W-CDMA）、高速下行分組接入（HSDPA）、CDMA2000 EV-DO、CDMA2000 EV-DO 版本 0、CDMA2000 EV-DO 版本 A、CDMA2000 EV-DO 版本 B、CDMA2000 3X、CDMA2000 EV-DV、任何修改或後續網路的聯繫裝置、協議、技術。這是確定的向後兼容的接口，協議或技術。由此衍生的（統稱「Sprint 3G 行動設備」），包括由其出售的行動設備如三洋卡塔納 Eclipse 的 X、Touch Pro 的「宏達」、「掌」等，這種侵權行為還包括製造、使用、檢驗、配置、產品、市場營銷、提供、銷售和許諾銷售系統，產品任何的 UMTS W-CDMA、HSDPA、CDMA2000 EV-DO 服務、CDMA2000 EV-DO 版本 0、CDMA2000 EV-DO 版本 A、CDMA2000 EV-DO 版本 B、CDMA2000 3x 或 CDMA2000 EV-DV 的行動蜂窩通信網路（包括任何修改或網路接口、協議、技術與網路接口的兼容、協議和技術，或由此衍生的產品）擁有、管理、經營、監控、測試、服務、控制或由 Sprint 以其他方式使用該 Sprint 的 3G 移動設備，旨在為了使用或與其他兼容。任何所有的實際或結構的部件網路（如終端收發系統、終端控制器、終端子系統、終端、移動交換中心、無線網路控制器和無線電網路子系統）所擁有管理、經營、監督、控制、服務、測試、租賃或以其他方式使用 Sprint 公司（統稱為「Sprint 的 3G 手機行動通信網路」）。Sprint 公司侵權的行為還包括允許、授權或以其他方式提供移動設備能力給用戶使用任何與 3G Sprint 的 3G 蜂窩移動電信網路行動設備。

5. Sprint 承諾，除非該法院停止提交申請這宗投訴，否則將繼續致力其

551 專利知識行為，在美國法典第 35 部 §271(b) 通過上述提到 Sprint 的 3G 行動設備，其製造、使用、銷售、分發行為、提供測試、配置、在美國銷售或提供銷售、進口到美國，明知或故意侵犯他人 551 專利所有權。製造、使用、測試、配置、產品、市場營銷、提供、銷售，並提供銷售系統產品和服務，與上面提到任何連接 Sprint 的 3G 行動蜂窩通信網路；允許、授權或以其他方式提供行動設備用戶使用任何 Sprint 3G 行動設備的行動電話的電信網路。

6. Sprint 承諾，除非該法院停止提交申請這宗投訴，否則將繼續致力其 551 專利知識行為，在美國法典第 35 部 §271(c) 通過上述提到 Sprint 的 3G 行動設備，其製造、使用、銷售、分發行為、提供測試、配置、在美國銷售或提供銷售、進口到美國，明知或故意侵犯他人 551 專利所有權。製造、使用、測試、配置、產品、市場營銷、提供、銷售，並提供銷售系統產品和服務，與上面提到任何連接 Sprint 的 3G 行動蜂窩通信網路；允許、授權或以其他方式提供行動設備用戶使用任何 Sprint 3G 行動設備的行動電話的電信網路。

7. T-Mobile 已經侵犯了一個或多個 551 專利、 936 專利和 113 專利所有權，通過開展其他活動，在美國法典第 35 部 §271(a) ，其製造、使用、進口、銷售或提供銷售的產品、服務和技術人員發明的一個或多個 551 專利、 936 專利和 113 專利所有權。包括製造、使用、營銷、分銷、提供測試、配置、在美國銷售和進口美國「3G」或第三代移動通信技術等這些侵權行為。(包括行動電話、手機、智慧型手機、寬頻無線網路卡)，利用符合或以其他方式相互兼容，使用一個或多個以上的手機行動通訊網路接口、技術或協議：通用移動通信系統（UMTS）、寬頻分碼多工（W-CDMA）、高速下行分組接

入（HSDPA）、CDMA2000 EV-DO、CDMA2000 EV-DO 版本 0、CDMA2000 EV-DO 版本 A、CDMA2000 EV-DO 版本 B、CDMA2000 3X、CDMA2000 EV-DV、任何修改或後續網路的聯繫裝置、協議、技術。這是確定的向後兼容的接口，協議或技術。由此衍生的（統稱「T-Mobile 3G 行動設備」），包括由其出售的行動設備如 Sony Ericsson 「TM506」和 T-Mobile「G1」，這種侵權行為還包括製造、使用、檢驗、配置、產品、市場營銷、提供、銷售和許諾銷售系統，產品任何的 UMTS W-CDMA、HSDPA、CDMA2000 EV-DO 服務、CDMA2000 EV-DO 版本 0、CDMA2000 EV-DO 版本 A、CDMA2000 EV-DO 版本 B、CDMA2000 3x 或 CDMA2000 EV-DV 的行動蜂窩通信網路（包括任何修改或網路接口、協議、技術與網路接口的兼容、協議和技術，或由此衍生的產品）擁有、管理、經營、監控、測試、服務、控制或由 T-Mobile 以其他方式使用該 T-Mobile 的 3G 移動設備，旨在為了使用或與其他兼容。任何所有的實際或結構的部件網路（如終端收發系統、終端控制器、終端子系統、終端、移動交換中心、無線網路控制器和無線電網路子系統）所擁有管理、經營、監督、控制、服務、測試、租賃或以其他方式使用 T-Mobile 公司（統稱為「T-Mobile 的 3G 手機行動通信網路」）。T-Mobile 公司侵權的行為還包括允許、授權或以其他方式提供移動設備能力給用戶使用任何與 3G T-Mobile 的 3G 蜂窩移動電信網路行動設備。

8. T-Mobile 承諾，除非該法院停止提交申請這宗投訴，否則將繼續致力其 551 專利知識行為，在美國法典第 35 部 §271(b) 通過上述提到 T-Mobile 的 3G 行動設備，其製造、使用、銷售、分發行為、提供測試、配置、在美國銷售或提供銷售、進口到美國，明知或故意侵

犯他人 551 專利所有權。製造、使用、測試、配置、產品、市場營銷、提供、銷售，並提供銷售系統產品和服務，與上面提到任何連接 T-Mobile 的 3G 行動蜂窩通信網路；允許、授權或以其他方式提供行動設備用戶使用任何 T-Mobile 3G 行動設備的行動電話的電信網路。9. T-Mobile 承諾，除非該法院停止提交申請這宗投訴，否則將繼續致力其 551 專利知識行為，在美國法典第 35 部 §271(c) 通過上述提到 T-Mobile 的 3G 行動設備，其製造、使用、銷售、分發行為、提供測試、配置、在美國銷售或提供銷售、進口到美國，明知或故意侵犯他人 551 專利所有權。製造、使用、測試、配置、產品、市場營銷、提供、銷售，並提供銷售系統產品和服務，與上面提到任何連接 T-Mobile 的 3G 行動蜂窩通信網路；允許、授權或以其他方式提供行動設備用戶使用任何 T-Mobile 3G 行動設備的行動電話的電信網路。

10. Palm 已經侵犯了一個或多個 551 專利、936 專利和 113 專利所有權，通過開展其他活動，在美國法典第 35 部 §271(a)，其製造、使用、進口、銷售或提供銷售的產品、服務和技術人員發明的一個或多個 551 專利、936 專利和 113 專利所有權。包括製造、使用、營銷、分銷、提供測試、配置、在美國銷售和進口美國「3G」或第三代移動通信技術等這些侵權行為。(包括行動電話、手機、智慧型手機、寬頻無線網路卡)，利用符合或以其他方式相互兼容，使用一個或多個以上的手機行動通訊網路接口、技術或協議：通用移動通信系統（UMTS）、寬頻分碼多工（W-CDMA）、高速下行分組接入（HSDPA）、CDMA2000 EV-DO、CDMA2000 EV-DO 版本 0、CDMA2000 EV-DO 版本 A、CDMA2000 EV-DO 版本 B、CDMA2000 3X、CDMA2000 EV-DV、任何修改或後續網路的聯繫裝置、協議、

技術。這是確定的向後兼容的接口，協議或技術。由此衍生的（統稱「Palm 3G 行動設備」），這種侵權行為還包括製造、使用、檢驗、配置、產品、市場營銷、提供、銷售和許諾銷售系統，產品任何的 UMTS W-CDMA、HSDPA、CDMA2000 EV-DO 服務、CDMA2000 EV-DO 版本 0、CDMA2000 EV-DO 版本 A、CDMA2000 EV-DO 版本 B、CDMA2000 3x 或 CDMA2000 EV-DV 的行動蜂窩通信網路（包括任何修改或網路接口、協議、技術與網路接口的兼容、協議和技術，或由此衍生的產品）擁有、管理、經營、監控、測試、服務、控制或由 Palm 以其他方式使用該 Palm 的 3G 移動設備，旨在為了使用或與其他兼容。任何所有的實際或結構的部件網路（如終端收發系統、終端控制器、終端子系統、終端、移動交換中心、無線網路控制器和無線電網路子系統）所擁有管理、經營、監督、控制、服務、測試、租賃或以其他方式使用 Palm 公司（統稱為「Palm 的 3G 手機行動通信網路」）。

11. Palm 承諾，除非該法院停止提交申請這宗投訴，否則將繼續致力其 551、113、936 專利知識行為，在美國法典第 35 部 §271(b) 通過上述提到 Palm 的 3G 行動設備，其製造、使用、銷售、分發行為、提供測試、配置、在美國銷售或提供銷售、進口到美國，明知或故意侵犯他人 551、113、936 專利所有權。製造、使用、測試、配置、產品、市場營銷、提供、銷售，並提供銷售系統產品和服務，與上面提到任何連接 Palm 的 3G 行動蜂窩通信網路；允許、授權或以其他方式提供行動設備用戶使用任何 Palm 3G 行動設備的行動電話的電信網路。

12. Palm 承諾，除非該法院停止提交申請這宗投訴，否則將繼續致力其 551、113、936 專利知識行為，在美國法典第 35 部 §271(c) 通過上述

提到 Palm 的 3G 行動設備，其製造、使用、銷售、分發行為、提供測試、配置、在美國銷售或提供銷售、進口到美國，明知或故意侵犯他人 551、113、936 專利所有權。製造、使用、測試、配置、產品、市場營銷、提供、銷售，並提供銷售系統產品和服務，與上面提到任何連接 Palm 的 3G 行動蜂窩通信網路；允許、授權或以其他方式提供行動設備用戶使用任何 Palm 3G 行動設備的行動電話的電信網路。

13. HTC 和 HTC America 已經侵犯了一個或多個 551 專利所有權，通過開展其他活動，在美國法典第 35 部 §271(a)，其製造、使用、進口、銷售或提供銷售的產品、服務和技術人員發明的一個或多個 551 專利所有權。包括製造、使用、營銷、分銷、提供測試、配置、在美國銷售和進口美國「3G」或第三代移動通信技術等這些侵權行為。包括行動電話、手機、智慧型手機、寬頻無線網路卡，利用符合或以其他方式相互兼容，使用一個或多個以上的手機行動通訊網路接口、技術或協議：通用移動通信系統（UMTS）、寬頻分碼多工（W-CDMA）、高速下行分組接入（HSDPA）、CDMA2000 EV-DO、CDMA2000 EV-DO 版本 0、CDMA2000 EV-DO 版本 A、CDMA2000 EV-DO 版本 B、CDMA2000 3X、CDMA2000 EV-DV、任何修改或後續網路的聯繫裝置、協議、技術。這是確定的向後兼容的接口，協議或技術。由此衍生的（統稱「HTC 3G 行動設備」），包括由其出售的行動設備如「Dream」、「Touch」、「Touch Diamond」和「Touch Pro」，這種侵權行為還包括製造、使用、檢驗、配置、產品、市場營銷、提供、銷售和許諾銷售系統，產品任何的 UMTS W-CDMA、HSDPA、CDMA2000 EV-DO 服務、CDMA2000 EV-DO 版本 0、CDMA2000 EV-DO 版本 A、CDMA2000 EV-DO 版本 B、CDMA2000 3x 或

CDMA2000 EV-DV 的行動蜂窩通信網路（包括任何修改或網路接口、協議、技術與網路接口的兼容、協議和技術，或由此衍生的產品）擁有、管理、經營、監控、測試、服務、控制或由 HTC 以其他方式使用該 HTC 的 3G 移動設備，旨在爲了使用或與其他兼容。任何所有的實際或結構的部件網路（如終端收發系統、終端控制器、終端子系統、終端、移動交換中心、無線網路控制器和無線電網路子系統）所擁有管理、經營、監督、控制、服務、測試、租賃或以其他方式使用 HTC 公司（統稱爲「HTC 的 3G 手機行動通信網路」）。

14. HTC 和 HTC America 承諾，除非該法院停止提交申請這宗投訴，否則將繼續致力其 551、113、936 專利知識行爲，在美國法典第 35 部 §271(b) 通過上述提到 HTC 的 3G 行動設備，其製造、使用、銷售、分發行爲、提供測試、配置、在美國銷售或提供銷售、進口到美國，明知或故意侵犯他人 551、113、936 專利所有權。製造、使用、測試、配置、產品、市場營銷、提供、銷售，並提供銷售系統產品和服務，與上面提到任何連接 HTC 的 3G 行動蜂窩通信網路；允許、授權或以其他方式提供行動設備用戶使用任何 HTC 3G 行動設備的行動電話的電信網路。

15. HTC 和 HTC America 承諾，除非該法院停止提交申請這宗投訴，否則將繼續致力其 551、113、936 專利知識行爲，在美國法典第 35 部 §271(c) 通過上述提到 HTC 的 3G 行動設備，其製造、使用、銷售、分發行爲、提供測試、配置、在美國銷售或提供銷售、進口到美國，明知或故意侵犯他人 551、113、936 專利所有權。製造、使用、測試、配置、產品、市場營銷、提供、銷售，並提供銷售系統產品和服務，與上面提到任何連接 HTC 的 3G 行動蜂窩通信網路；允許、授權

或以其他方式提供行動設備用戶使用任何 HTC 3G 行動設備的行動電話的電信網路。

16. Sanyo 已經侵犯了一個或多個 551 專利所有權，通過開展其他活動，在美國法典第 35 部 §271(a)，其製造、使用、進口、銷售或提供銷售的產品、服務和技術人員發明的一個或多個 551 專利所有權。包括製造、使用、營銷、分銷、提供測試、配置、在美國銷售和進口美國「3G」或第三代移動通信技術等這些侵權行為。(包括行動電話、手機、智慧型手機、寬頻無線網路卡)，利用符合或以其他方式相互兼容，使用一個或多個以上的手機行動通訊網路接口、技術或協議：通用移動通信系統（UMTS）、寬頻分碼多工（W-CDMA）、高速下行分組接入（HSDPA）、CDMA2000 EV-DO、CDMA2000 EV-DO 版本 0、CDMA2000 EV-DO 版本 A、CDMA2000 EV-DO 版本 B、CDMA2000 3X、CDMA2000 EV-DV、任何修改或後續網路的聯繫裝置、協議、技術。這是確定的向後兼容的接口，協議或技術。由此衍生的（統稱「Sanyo 3G 行動設備」），包括由其出售的行動設備如「Dream」、「Touch」、「Touch Diamond」和「Touch Pro」，這種侵權行為還包括製造、使用、檢驗、配置、產品、市場營銷、提供、銷售和許諾銷售系統，產品任何的 UMTS W-CDMA、HSDPA、CDMA2000 EV-DO 服務、CDMA2000 EV-DO 版本 0、CDMA2000 EV-DO 版本 A、CDMA2000 EV-DO 版本 B、CDMA2000 3x 或 CDMA2000 EV-DV 的行動蜂窩通信網路（包括任何修改或網路接口、協議、技術與網路接口的兼容、協議和技術，或由此衍生的產品）擁有、管理、經營、監控、測試、服務、控制或由 Sanyo 以其他方式使用該 Sanyo 的 3G 移動設備，旨在為了使用或與其他兼容。任何所有

的實際或結構的部件網路（如終端收發系統、終端控制器、終端子系統、終端、移動交換中心、無線網路控制器和無線電網路子系統）所擁有管理、經營、監督、控制、服務、測試、租賃或以其他方式使用 Sanyo 公司（統稱為「Sanyo 的 3G 手機行動通信網路」）。

17. Sanyo 承諾，除非該法院停止提交申請這宗投訴，否則將繼續致力其 551、113、936 專利知識行為，在美國法典第 35 部 §271(b) 通過上述提到 Sanyo 的 3G 行動設備，其製造、使用、銷售、分發行為、提供測試、配置、在美國銷售或提供銷售、進口到美國，明知或故意侵犯他人 551、113、936 專利所有權。製造、使用、測試、配置、產品、市場營銷、提供、銷售，並提供銷售系統產品和服務，與上面提到任何連接 Sanyo 的 3G 行動蜂窩通信網路；允許、授權或以其他方式提供行動設備用戶使用任何 Sanyo 3G 行動設備的行動電話的電信網路。

18. Sanyo 承諾，除非該法院停止提交申請這宗投訴，否則將繼續致力其 551、113、936 專利知識行為，在美國法典第 35 部 §271(c) 通過上述提到 Sanyo 的 3G 行動設備，其製造、使用、銷售、分發行為、提供測試、配置、在美國銷售或提供銷售、進口到美國，明知或故意侵犯他人 551、113、936 專利所有權。製造、使用、測試、配置、產品、市場營銷、提供、銷售，並提供銷售系統產品和服務，與上面提到任何連接 Sanyo 的 3G 行動蜂窩通信網路；允許、授權或以其他方式提供行動設備用戶使用任何 Sanyo 3G 行動設備的行動電話的電信網路。

四、要求的判決及賠償

1. 裁決的賠償是否足以彌補 MSTG 對已發生的侵權行為。

2. 以美國專利法第 35 部第 284 及 285 條來判定必須給 MSTG 的賠償。

3. 頒布永久禁止令，禁止被告及其他公司有進一步的專利侵權行為。

4. 希望陪審團及法官能夠給予適當和公正的判決。

五、結論

本訴訟案還在審查尚未做出判決。

六、參考網址

http://cdnet.stpi.org.tw/techroom/pclass/2009/pclass_09_A045.htm

案例三、英國電信公司（BT）v.s 亞德諾半導體（ADI）

摘要

英國最大的電信公司集團英國通訊（British Telecommunications）於 2010 年 7 月 21 日向美國晶片製造廠 Analog Device （2008 年台灣晶片設計廠聯發科併購其部分業務）提出侵權訴訟，指出 Analog Device 所生產的產品中侵犯了其資料壓縮及解碼的技術。本案對 Analog 提出的系爭專利為 US5,153,591 （Method and apparatus for encoding, decoding and transmitting data in compressed form），涉及專利技術為資料壓縮、解碼以及傳輸方面。但此項爭議專利技術即將在 2010 年十月到期，然而根據美國專利法規定，對於專利損害賠償之追訴期間，提起侵害之訴可追溯及起訴日前六年之侵權行為。

一、當事人

原告 BT 是一個在英格蘭和威爾士的合法公司，主營業地為英國倫敦 EC1A7AJ，81 紐蓋特街。

被告 ADI 公司是一家註冊在馬薩諸塞州的合法公司，其總公司在科技路，寶 9106 盒，諾伍德，馬薩諸塞州並在美國馬薩諸塞州聯邦經營，行為，並進行交易業務。基於聽聞及確信，ADI 公司一直在進口，銷售，許諾銷售，銷售的產品侵犯和／或導致侵權的'591 專利。這些行為侵犯了發生在馬薩諸塞州和美國其他部門。

US Patent No. 5,153,591

Method and apparatus for encoding, decoding and transmitting data in compressed form [12]

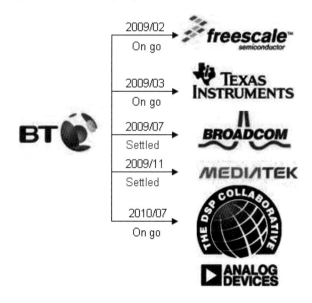

Source: 科技政策研究與資訊中心—科技產業資訊室整理，2010/07

Fig. 1　BT 公司與各被告公司的關係示意圖

二、ADI 所侵犯美國專利 US 5,153,591 之所有權：

1. 1992 年 10 月 6 日，591 專利命名為：對編碼、解碼、和數據壓縮的方法及裝置形式已正式由美國專利和商標局正式合法發行。在其到期之前發生的侵權行為 591 專利仍然可以有效的執行。

2. 在這次行動的時間內，BT 已經是 591 專利的合法擁有者。

3. 可靠消息指出，根據美國法典第 35 部 §271，ADI 已經侵犯了 591 專利，製造、使用、銷售、允許銷售或進口可製造的原料，誘使他人侵犯其共同侵權行為。這樣的產品包括了像 AD65 系列的 GSM/GPRS 設備，像 ADSP21 範圍和相應的軟體的模擬調製解調器，和 ADI 公司其

他產品和零件，包括晶片、晶片組、硬體、軟體，使使用者通過無線或有線的方法壓縮或解壓縮傳輸的數據，包括 ITU-T V.42bis 壓縮或解壓縮傳輸的數據技術。

4. ADI 已經移除了 591 專利的通知且 ADI 侵犯了 BT 公司的專利。

5. 可靠消息指出，儘管 BT 公司通知了 ADI 公司侵犯其 591 專利，然而 ADI 公司卻繼續明知故犯進行其 591 專利侵權行爲或活動。

6. 由於 ADI 公司故意的侵犯 591 專利，BT 公司已經產生損害的結果。

三、要求的判決及賠償

因此，BT 恭敬的請求該法院：

1. 判決 ADI 公司已經直接或通過誘導侵犯 BT 公司一個或多個 591 專利所有權。

2. 對於 ADI 公司的侵權行爲，基於美國專利法下，判決 BT 公司的請求，包括但不僅限於金錢的損失和在判決前的利息。

3. 根據美國法典第 35 部 §284，ADI 公司行爲爲故意侵犯 BT 公司，要求判決應加重損害賠償。

4. 根據美國法典第 35 部 §285，這是一特別的案例，BT 公司要求其律師費用及訴訟費用需由 ADI 公司賠償。

5. 如果法院認爲適當，將提供 BT 公司額外且進一步的救濟。

四、美國法典第 35 部 §284

第二八四條　損害賠償金

法院在作出有利於請求人的裁決後，應該判給請求人足以補償所受侵害的賠償金，無論如何，不得少於侵害人使用該項發明的合理使用費，以及法院所製定的利息和訴訟費用。陪審人員沒有決定損害賠償金時，法院應該估定之。不論由陪審人員還是由法院決定，法院都可以將損害賠償金

額增加到原決定或估定的數額的三倍。法院可以接受專家的證詞以協助決定損害賠償金或根據情況應該是合理的使用費。

五、美國法典第 35 部 §284

第二八五條　律師費

在例外情況，法院也可判定價訴人負擔合理的律師費用。

PATENT NO.5153591

有關於此專利被侵害的條款，以下將詳細說明：

a. Claim 1：壓縮輸入數據的方法，包含讀取數據的連續符號與提供處理器記憶體的位置。在記憶體符號的搜索樹形式中，生成輸入數據字典的字串（搜索樹的路徑代表說字串）。從儲存路徑壓縮與輸出數據對應的輸入數據，與之前儲存的路徑相比，輸入與數據匹配的符號字串。藉由連接兩種不同類型的指針，聯繫起儲存符號，形成搜索樹所說的路徑。第一種類型的指針，在儲存符號之間，輸入符號序列，給定可能出現符號的替代位置上，顯示出儲存符號，第二種類型的指針，在儲存符號之間，顯示出儲存的符號皆發生，在可能的輸入符號序列，當記憶體已滿時做出決定，如果它們包含了搜索樹的節點（沒有鏈結指針指向到另一個節點），就做出檢測或刪除搜索樹索引記憶體位置的順序，釋放記憶體位置，做出新的字典字串。

b. Claim 2：根據 Claim 1 所述，所有索引記憶體位置形成的字典字串是爲了在下一個釋放記憶體位置的符號儲存之前做出測試。

c. Claim 3：根據 Claim 1 所述，藉由指針形成一個自由列表和搜索樹的節點，重新設定繞過刪除的節點，並將其連接到空間列表中，其中那些索引的記憶體位置，不包含搜索樹中的節點鏈結點，即搜索樹繼續維持作爲一個連接的整體。

d. Claim 4：根據 Claim 1 所述，輸入數據所代表字符為二進制位元所組成，字符儲存在搜索樹中的每一個組成也都是二進制序列，每個序列位元的數字由處理器所選擇，每個輸入位元的特徵數字因為數位處理器的選擇而不同。

e. Claim 5：根據 Claim 1 所述，第二種類型的指針連接到第一個儲存的符號。替代儲存搜索樹的符號排序列表，由第一種類型的指針連接儲存至每個成功的字串中。

f. Claim 6：根據 Claim 5 所述，第一種類型的指針通過搜索，找到與最近的符號匹配，替代儲存符號的列表，如果找到有匹配的符號，再運用第二種類型的指針。

g. Claim 7：根據 Claim 1 所述，第二類型指針的每個連接點，可替代任何一個檢索樹的儲存符號，另外藉由第一類型的指針指向儲存符號，表示相互連接的列表，或由第一類型的指針指向相反的方向，將在列表中的儲存符號取出。

h. Claim 8：根據 Claim 1 所述，在處理輸入的數據之前，記憶體一開始提供每個元素，對應可能產生順序的儲存符號。在搜索樹中，一開始提供的儲存符號則被儲存為節點。

i. Claim 9：壓縮輸入數據的方法，包含讀取數據的連續符號與提供處理器記憶體的位置。在記憶體符號的搜索樹形式中，生成輸入數據字典的字串（搜索樹的路徑代表說字串）。從儲存路徑壓縮與輸出數據對應的輸入數據，與之前儲存的路徑相比，輸入與數據匹配的符號字串。藉由連接兩種不同類型的指針，聯繫起儲存符號，形成搜索樹所說的路徑。第一種類型的指針，在儲存符號之間，輸入符號序列，給定可能出現符號的替代位置上，顯示出儲存符號，第二種類型的指

針，在儲存符號之間，顯示出儲存的符號皆發生，在可能的輸入符號序列，當記憶體已滿時做出決定，如果它們包含了搜索樹的節點（沒有鏈結指針指向到另一個節點），就做出檢測或刪除搜索樹索引記憶體位置的順序，釋放記憶體位置，做出新的字典字串。由於限制性條款，最近建立的搜索樹節點中，受到保護且反對刪除。

j. Claim 10：壓縮輸入數據的方法，包含讀取數據的連續符號與提供處理器記憶體的位置。在記憶體符號的搜索樹形式中，生成輸入數據字典的字串（搜索樹的路徑代表說字串）。從儲存路徑壓縮與輸出數據對應的輸入數據，與之前儲存的路徑相比，輸入與數據匹配的符號字串。藉由連接兩種不同類型的指針，聯繫起儲存符號，形成搜索樹所說的路徑。第一種類型的指針，在儲存符號之間，輸入符號序列，給定可能出現符號的替代位置上，顯示出儲存符號，第二種類型的指針，在儲存符號之間，顯示出儲存的符號皆發生，在可能的輸入符號序列，當記憶體已滿時做出決定，如果它們包含了搜索樹的節點（沒有鏈結指針指向到另一個節點），就做出檢測或刪除搜索樹索引記憶體位置的順序，釋放記憶體位置，做出新的字典字串。其中搜索樹的每個節點與各自的計數器，是使用每次時間相關聯的節點。壓縮輸出的數據，包括相關計數器碼字的長度，最短的碼字代表最常用的節點。

k. Claim 11：壓縮輸入數據的方法，包含讀取數據的連續符號與提供處理器記憶體的位置。在記憶體符號的搜索樹形式中，生成輸入數據字典的字串（搜索樹的路徑代表說字串）。從儲存路徑壓縮與輸出數據對應的輸入數據，與之前儲存的路徑相比，輸入與數據匹配的符號字串。藉由連接兩種不同類型的指針，聯繫起儲存符號，形成搜索樹所

說的路徑。第一種類型的指針，在儲存符號之間，輸入符號序列，給定可能出現符號的替代位置上，顯示出儲存符號，第二種類型的指針，在儲存符號之間，顯示出儲存的符號皆發生，在可能的輸入符號序列，當記憶體已滿時做出決定，如果它們包含了搜索樹的節點（沒有鏈結指針指向到另一個節點），就做出檢測或刪除搜索樹索引記憶體位置的順序，釋放記憶體位置，做出新的字典字串。其中搜索樹的節點順序是儲存在記憶體中。藉由提高節點的序號值，他們重新排列儲存的順序，使很少使用的節點獲得一個低的數值，或被刪除。

l. Claim 12：根據 Claim 11 所述，其中所使用節點的序號值增加了一，在其前節點的序號值減少了一，則讓這兩個節點交換序號值。

m. Claim 13：根據 Claim 11 所述，其中所使用節點的序號增加了最大值，則在其以上所有節點的序號值都減一。

n. Claim 14：根據 Claim 11 所述，其中搜索樹的每個節點都有一個相關聯的長度指數和壓縮輸出數據的碼字，其相關的長度為最短的碼字代表最高序號值的節點長度指數。

o. Claim 15：壓縮輸入數據的方法，包含讀取數據的連續符號與提供處理器記憶體的位置。在記憶體符號的搜索樹形式中，生成輸入數據字典的字串（搜索樹的路徑代表說字串）。從儲存路徑壓縮與輸出數據對應的輸入數據，與之前儲存的路徑相比，輸入與數據匹配的符號字串。藉由連接兩種不同類型的指針，聯繫起儲存符號，形成搜索樹所說的路徑。第一種類型的指針，在儲存符號之間，輸入符號序列，給定可能出現符號的替代位置上，顯示出儲存符號，第二種類型的指針，在儲存符號之間，顯示出儲存的符號皆發生，在可能的輸入符號序列，當記憶體已滿時做出決定，如果它們包含了搜索樹的節點（沒

有鏈結指針指向到另一個節點），就做出檢測或刪除搜索樹索引記憶體位置的順序，釋放記憶體位置，做出新的字典字串。當發現有這樣的一個空間為，輸入數據（包括空格）在符號序列之間，產生一個新的搜索樹的儲存路徑時則停止其行為。

p. Claim 16：壓縮輸入數據的方法，包含讀取數據的連續符號與提供處理器記憶體的位置。在記憶體符號的搜索樹形式中，生成輸入數據字典的字串（搜索樹的路徑代表說字串）。從儲存路徑壓縮與輸出數據對應的輸入數據，與之前儲存的路徑相比，輸入與數據匹配的符號字串。藉由連接兩種不同類型的指針，聯繫起儲存符號，形成搜索樹所說的路徑。第一種類型的指針，在儲存符號之間，輸入符號序列，給定可能出現符號的替代位置上，顯示出儲存符號，第二種類型的指針，在儲存符號之間，顯示出儲存的符號皆發生，在可能的輸入符號序列，當記憶體已滿時做出決定，如果它們包含了搜索樹的節點（沒有鏈結指針指向到另一個節點），就做出檢測或刪除搜索樹索引記憶體位置的順序，釋放記憶體位置，做出新的字典字串。輸入的數據由代表字符二進制數字組組成，在搜索樹中儲存的符號，每個二進制數字序列的組成，每個序列位的數字由處理器所選擇，每個輸入位元的特徵數字因為數位處理器的選擇而不同。處理器安排執行選擇作為回答，從使用者給外部命令信號。

q. Claim 17：壓縮輸入數據的方法，包含讀取數據的連續符號與提供處理器記憶體的位置。在記憶體符號的搜索樹形式中，生成輸入數據字典的字串（搜索樹的路徑代表說字串）。從儲存路徑壓縮與輸出數據對應的輸入數據，與之前儲存的路徑相比，輸入與數據匹配的符號字串。藉由連接兩種不同類型的指針，聯繫起儲存符號，形成搜索樹所

說的路徑。第一種類型的指針，在儲存符號之間，輸入符號序列，給定可能出現符號的替代位置上，顯示出儲存符號，第二種類型的指針，在儲存符號之間，顯示出儲存的符號皆發生，在可能的輸入符號序列，當記憶體已滿時做出決定，如果它們包含了搜索樹的節點（沒有鏈結指針指向到另一個節點），就做出檢測或刪除搜索樹索引記憶體位置的順序，釋放記憶體位置，做出新的字典字串。輸入的數據由代表字符二進制數字組組成，在搜索樹中儲存的符號，每個二進制數字序列的組成，每個序列位的數字由處理器所選擇，每個輸入位元的特徵數字因爲數位處理器的選擇而不同。每個數字的序列一開始是多樣的，由此產生的壓縮比在輸入數據和輸出數據之間估算。搜索樹每個數字的序列儲存符號，是在壓縮比的基礎上被選擇的。

r. Claim 18：壓縮輸入數據的方法，包含讀取數據的連續符號與提供處理器記憶體的位置。在記憶體符號的搜索樹形式中，生成輸入數據字典的字串（搜索樹的路徑代表說字串）。從儲存路徑壓縮與輸出數據對應的輸入數據，與之前儲存的路徑相比，輸入與數據匹配的符號字串。藉由連接兩種不同類型的指針，聯繫起儲存符號，形成搜索樹所說的路徑。第一種類型的指針，在儲存符號之間，輸入符號序列，給定可能出現符號的替代位置上，顯示出儲存符號，第二種類型的指針，在儲存符號之間，顯示出儲存的符號皆發生，在可能的輸入符號序列，當記憶體已滿時做出決定，如果它們包含了搜索樹的節點（沒有鏈結指針指向到另一個節點），就做出檢測或刪除搜索樹索引記憶體位置的順序，釋放記憶體位置，做出新的字典字串。其中字典重新初始化，從相關的解碼器響應命令信號的接收與使用。

s. Claim 19：壓縮輸入數據的方法，包含讀取數據的連續符號與提供處

理器記憶體的位置。在記憶體符號的搜索樹形式中，生成輸入數據字典的字串（搜索樹的路徑代表說字串）。從儲存路徑壓縮與輸出數據對應的輸入數據，與之前儲存的路徑相比，輸入與數據匹配的符號字串。藉由連接兩種不同類型的指針，聯繫起儲存符號，形成搜索樹所說的路徑。第一種類型的指針，在儲存符號之間，輸入符號序列，給定可能出現符號的替代位置上，顯示出儲存符號，第二種類型的指針，在儲存符號之間，顯示出儲存的符號皆發生，在可能的輸入符號序列，當記憶體已滿時做出決定，如果它們包含了搜索樹的節點（沒有鏈結指針指向到另一個節點），就做出檢測或刪除搜索樹索引記憶體位置的順序，釋放記憶體位置，做出新的字典字串。在使用中，字典的校驗定期計算和產生相對應的輸出信號。

t. Claim 20：壓縮輸入數據的方法，包含讀取數據的連續符號與提供處理器記憶體的位置。在記憶體符號的搜索樹形式中，生成輸入數據字典的字串）搜索樹的路徑代表說字串）。從儲存路徑壓縮與輸出數據對應的輸入數據，與之前儲存的路徑相比，輸入與數據匹配的符號字串。藉由連接兩種不同類型的指針，聯繫起儲存符號，形成搜索樹所說的路徑。第一種類型的指針，在儲存符號之間，輸入符號序列，給定可能出現符號的替代位置上，顯示出儲存符號，第二種類型的指針，在儲存符號之間，顯示出儲存的符號皆發生，在可能的輸入符號序列，當記憶體已滿時做出決定，如果它們包含了搜索樹的節點（沒有鏈結指針指向到另一個節點），就做出檢測或刪除搜索樹索引記憶體位置的順序，釋放記憶體位置，做出新的字典字串。更進一步的使用字典保留，包括任何進一步使用執行字典上的校驗和計算，如果校驗不相同，從另一個這樣的字典接收相對應的校驗，相互比較校驗字

典。

u. Claim 21：一種儲存數據的方法，包含壓縮數據與讀取數據的連續符
號與提供處理器記憶體的位置。在記憶體符號的搜索樹形式中，生成
輸入數據字典的字串（搜索樹的路徑代表說字串）。從儲存路徑壓縮
與輸出數據對應的輸入數據，與之前儲存的路徑相比，輸入與數據匹
配的符號字串。藉由連接兩種不同類型的指針，聯繫起儲存符號，形
成搜索樹所說的路徑。第一種類型的指針，在儲存符號之間，輸入符
號序列，給定可能出現符號的替代位置上，顯示出儲存符號，第二種
類型的指針，在儲存符號之間，顯示出儲存的符號皆發生，在可能的
輸入符號序列，當記憶體已滿時做出決定，如果它們包含了搜索樹的
節點（沒有鏈結指針指向到另一個節點），就做出檢測或刪除搜索樹
索引記憶體位置的順序，釋放記憶體位置，做出新的字典字串，並在
大容量的信息儲存體儲存壓縮數據。

v. Claim 22：一種解碼壓縮數據的方法，包含讀取數據的連續符號與提
供處理器記憶體的位置。在記憶體符號的搜索樹形式中，生成輸入數
據字典的字串（搜索樹的路徑代表說字串）。從儲存路徑壓縮與輸出
數據對應的輸入數據，與之前儲存的路徑相比，輸入與數據匹配的符
號字串。藉由連接兩種不同類型的指針，聯繫起儲存符號，形成搜索
樹所說的路徑。第一種類型的指針，在儲存符號之間，輸入符號序
列，給定可能出現符號的替代位置上，顯示出儲存符號，第二種類型
的指針，在儲存符號之間，顯示出儲存的符號皆發生，在可能的輸入
符號序列，當記憶體已滿時做出決定，如果它們包含了搜索樹的節點
（沒有鏈結指針指向到另一個節點），就做出檢測或刪除搜索樹索引
記憶體位置的順序，釋放記憶體位置，做出新的字典字串。以有記憶

體的處理器，讀取壓縮數據的連續字符，用從壓縮後數據建立起來的符號搜索樹形式，儲存在字典記憶體中，並利用搜索樹轉換壓縮數據為解碼數據。由兩種不同類型的連接指針鏈結在搜索樹中的儲存符號。在儲存符號之間，用不同符號解碼字串，第一種類型的指針，表明這些符號有關聯，有相同數量的符號和相同的字首，和最後位元不同字符的字串。在解碼輸出符號的字串，第二種類型的指針，表明這些符號是連續的，當記憶體已滿時做出決定，如果它們包含了搜索樹的節點（沒有鏈結指針指向到另一個節點），就做出檢測或刪除搜索樹索引記憶體位置的順序，釋放記憶體位置，做出新的字典字串。

w. Claim 23：根據 Claim 22 所述，所有索引記憶體位置形成的字典字串是爲了在下一個釋放記憶體位置的符號儲存之前做出測試。

x. Claim 24：根據 Claim 22 所述，藉由指針形成一個自由列表和搜索樹的節點，重新設定繞過刪除的節點，並將其連接到空間列表中，其中那些索引的記憶體位置，不包含搜索樹中的節點鏈結點，即搜索樹繼續維持作爲一個連接的整體。

y. Claim 25：根據 Claim 22 所述，第二種類型的指針連接到第一個儲存的符號。替代儲存搜索樹的符號排序列表，由第一種類型的指針連接儲存至每個成功的字串中。

z. Claim 26：根據 Claim 22 所述，第二類型指針的每個連接點，可替代任何一個檢索樹的儲存符號，另外藉由第一類型的指針指向儲存符號，表示相互連接的列表，或由第一類型的指針指向相反的方向，將在列表中的儲存符號取出。

aa. Claim 27：一種解碼壓縮數據的方法，包含讀取數據的連續符號與提供處理器記憶體的位置。在記憶體符號的搜索樹形式中，生成

輸入數據字典的字串（搜索樹的路徑代表說字串）。從儲存路徑壓縮與輸出數據對應的輸入數據，與之前儲存的路徑相比，輸入與數據匹配的符號字串。藉由連接兩種不同類型的指針，聯繫起儲存符號，形成搜索樹所說的路徑。第一種類型的指針，在儲存符號之間，輸入符號序列，給定可能出現符號的替代位置上，顯示出儲存符號，第二種類型的指針，在儲存符號之間，顯示出儲存的符號皆發生，在可能的輸入符號序列，當記憶體已滿時做出決定，如果它們包含了搜索樹的節點（沒有鏈結指針指向到另一個節點），就做出檢測或刪除搜索樹索引記憶體位置的順序，釋放記憶體位置，做出新的字典字串。以有記憶體的處理器，讀取壓縮數據的連續字符，用從壓縮後數據建立起來的符號搜索樹形式，儲存在字典記憶體中，並利用搜索樹轉換壓縮數據爲解碼數據。由兩種不同類型的連接指針鏈結在搜索樹中的儲存符號。在儲存符號之間，用不同符號解碼字串，第一種類型的指針，表明這些符號有關聯，有相同數量的符號和相同的字首，和最後位元不同字符的字串。在解碼輸出符號的字串，第二種類型的指針，表明這些符號是連續的，當記憶體已滿時做出決定，如果它們包含了搜索樹的節點（沒有鏈結指針指向到另一個節點），就做出檢測或刪除搜索樹索引記憶體位置的順序，釋放記憶體位置，做出新的字典字串。由於限制性條款，最近建立的搜索樹節點中，受到保護且反對刪除。

bb. Claim 28：一種解碼壓縮數據的方法，包含讀取數據的連續符號與提供處理器記憶體的位置。在記憶體符號的搜索樹形式中，生成輸入數據字典的字串（搜索樹的路徑代表說字串）。從儲存路徑

壓縮與輸出數據對應的輸入數據，與之前儲存的路徑相比，輸入與數據匹配的符號字串。藉由連接兩種不同類型的指針，聯繫起儲存符號，形成搜索樹所說的路徑。第一種類型的指針，在儲存符號之間，輸入符號序列，給定可能出現符號的替代位置上，顯示出儲存符號，第二種類型的指針，在儲存符號之間，顯示出儲存的符號皆發生，在可能的輸入符號序列，當記憶體已滿時做出決定，如果它們包含了搜索樹的節點（沒有鏈結指針指向到另一個節點），就做出檢測或刪除搜索樹索引記憶體位置的順序，釋放記憶體位置，做出新的字典字串。以有記憶體的處理器，讀取壓縮數據的連續字符，用從壓縮後數據建立起來的符號搜索樹形式，儲存在字典記憶體中，並利用搜索樹轉換壓縮數據為解碼數據。由兩種不同類型的連接指針鏈結在搜索樹中的儲存符號。在儲存符號之間，用不同符號解碼字串，第一種類型的指針，表明這些符號有關聯，有相同數量的符號和相同的字首，和最後位元不同字符的字串。在解碼輸出符號的字串，第二種類型的指針，表明這些符號是連續的，當記憶體已滿時做出決定，如果它們包含了搜索樹的節點（沒有鏈結指針指向到另一個節點），就做出檢測或刪除搜索樹索引記憶體位置的順序，釋放記憶體位置，做出新的字典字串。其中搜索樹的每個節點與各自的計數器，是使用每次時間相關聯的節點。壓縮輸出的數據，包括相關計數器碼字的長度，最短的碼字代表最常用的節點。

cc. Claim 29：一種解碼壓縮數據的方法，包含讀取數據的連續符號與提供處理器記憶體的位置。在記憶體符號的搜索樹形式中，生成輸入數據字典的字串（搜索樹的路徑代表說字串）。從儲存路徑

壓縮與輸出數據對應的輸入數據，與之前儲存的路徑相比，輸入與數據匹配的符號字串。藉由連接兩種不同類型的指針，聯繫起儲存符號，形成搜索樹所說的路徑。第一種類型的指針，在儲存符號之間，輸入符號序列，給定可能出現符號的替代位置上，顯示出儲存符號，第二種類型的指針，在儲存符號之間，顯示出儲存的符號皆發生，在可能的輸入符號序列，當記憶體已滿時做出決定，如果它們包含了搜索樹的節點（沒有鏈結指針指向到另一個節點），就做出檢測或刪除搜索樹索引記憶體位置的順序，釋放記憶體位置，做出新的字典字串。以有記憶體的處理器，讀取壓縮數據的連續字符，用從壓縮後數據建立起來的符號搜索樹形式，儲存在字典記憶體中，並利用搜索樹轉換壓縮數據為解碼數據。由兩種不同類型的連接指針鏈結在搜索樹中的儲存符號。在儲存符號之間，用不同符號解碼字串，第一種類型的指針，表明這些符號有關聯，有相同數量的符號和相同的字首，和最後位元不同字符的字串。在解碼輸出符號的字串，第二種類型的指針，表明這些符號是連續的，當記憶體已滿時做出決定，如果它們包含了搜索樹的節點（沒有鏈結指針指向到另一個節點），就做出檢測或刪除搜索樹索引記憶體位置的順序，釋放記憶體位置，做出新的字典字串。其中搜索樹的節點順序是儲存在記憶體中。藉由提高節點的序號值，他們重新排列儲存的順序，使很少使用的節點獲得一個低的數值，或被刪除。

dd. Claim 30：根據 Claim 29 所述，其中搜索樹的每個節點都有一個相關聯的長度指數，解碼後的數據壓縮，其相關的長度為，最短的碼字代表最高序號值的節點長度指數。

ee. Claim 31：根據 Claim 29 所述，其中所使用節點的序號值增加了一，在其前節點的序號值減少了一，則讓這兩個節點交換序號值。

ff. Claim 32：根據 Claim 29 所述，其中所使用節點的序號增加了最大值，則在其以上所有節點的序號值都減少一。

gg. Claim 33：一種解碼壓縮數據的方法，包含讀取數據的連續符號與提供處理器記憶體的位置。在記憶體符號的搜索樹形式中，生成輸入數據字典的字串（搜索樹的路徑代表說字串）。從儲存路徑壓縮與輸出數據對應的輸入數據，與之前儲存的路徑相比，輸入與數據匹配的符號字串。藉由連接兩種不同類型的指針，聯繫起儲存符號，形成搜索樹所說的路徑。第一種類型的指針，在儲存符號之間，輸入符號序列，給定可能出現符號的替代位置上，顯示出儲存符號，第二種類型的指針，在儲存符號之間，顯示出儲存的符號皆發生，在可能的輸入符號序列，當記憶體已滿時做出決定，如果它們包含了搜索樹的節點（沒有鏈結指針指向到另一個節點），就做出檢測或刪除搜索樹索引記憶體位置的順序，釋放記憶體位置，做出新的字典字串。以有記憶體的處理器，讀取壓縮數據的連續字符，用從壓縮後數據建立起來的符號搜索樹形式，儲存在字典記憶體中，並利用搜索樹轉換壓縮數據為解碼數據。由兩種不同類型的連接指針鏈結在搜索樹中的儲存符號。在儲存符號之間，用不同符號解碼字串，第一種類型的指針，表明這些符號有關聯，有相同數量的符號和相同的字首，和最後位元不同字符的字串。在解碼輸出符號的字串，第二種類型的指針，表明這些符號是連續的，當記憶體已滿時做出決定，如果它們包

含了搜索樹的節點（沒有鏈結指針指向到另一個節點），就做出檢測或刪除搜索樹索引記憶體位置的順序，釋放記憶體位置，做出新的字典字串。包括檢測，當接收到經壓縮的數據對應到空的，或可用記憶體位置及產生對應的輸出訊號時。

hh. Claim 34：一種解碼壓縮數據的方法，包含讀取數據的連續符號與提供處理器記憶體的位置。在記憶體符號的搜索樹形式中，生成輸入數據字典的字串（搜索樹的路徑代表說字串）。從儲存路徑壓縮與輸出數據對應的輸入數據，與之前儲存的路徑相比，輸入與數據匹配的符號字串。藉由連接兩種不同類型的指針，聯繫起儲存符號，形成搜索樹所說的路徑。第一種類型的指針，在儲存符號之間，輸入符號序列，給定可能出現符號的替代位置上，顯示出儲存符號，第二種類型的指針，在儲存符號之間，顯示出儲存的符號皆發生，在可能的輸入符號序列，當記憶體已滿時做出決定，如果它們包含了搜索樹的節點（沒有鏈結指針指向到另一個節點），就做出檢測或刪除搜索樹索引記憶體位置的順序，釋放記憶體位置，做出新的字典字串。以有記憶體的處理器，讀取壓縮數據的連續字符，用從壓縮後數據建立起來的符號搜索樹形式，儲存在字典記憶體中，並利用搜索樹轉換壓縮數據為解碼數據。由兩種不同類型的連接指針鏈結在搜索樹中的儲存符號。在儲存符號之間，用不同符號解碼字串，第一種類型的指針，表明這些符號有關聯，有相同數量的符號和相同的字首，和最後位元不同字符的字串。在解碼輸出符號的字串，第二種類型的指針，表明這些符號是連續的，當記憶體已滿時做出決定，如果它們包含了搜索樹的節點（沒有鏈結指針指向到另一個節點），就做出

檢測或刪除搜索樹索引記憶體位置的順序，釋放記憶體位置，做出新的字典字串。更進一步的使用字典保留，包括任何進一步使用執行字典上的校驗和計算，如果校驗不相同，從另一個這樣的字典接收相對應的校驗，相互比較校驗字典。

ii. Claim 35：一種傳輸數據編碼的方法，包含壓縮數據與讀取數據的連續符號與提供處理器記憶體的位置。在記憶體符號的搜索樹形式中，生成輸入數據字典的字串（搜索樹的路徑代表說字串）。從儲存路徑壓縮與輸出數據對應的輸入數據，與之前儲存的路徑相比，輸入與數據匹配的符號字串。藉由連接兩種不同類型的指針，聯繫起儲存符號，形成搜索樹所說的路徑。第一種類型的指針，在儲存符號之間，輸入符號序列，給定可能出現符號的替代位置上，顯示出儲存符號，第二種類型的指針，在儲存符號之間，顯示出儲存的符號皆發生，在可能的輸入符號序列，當記憶體已滿時做出決定，如果它們包含了搜索樹的節點（沒有鏈結指針指向到另一個節點），就做出檢測或刪除搜索樹索引記憶體位置的順序，釋放記憶體位置，做出新的字典字串。傳輸的結果傳至較遠的地方，和通過相對應的方法包括解碼壓縮數據，包含壓縮數據與讀取數據的連續符號與提供處理器記憶體的位置。在記憶體符號的搜索樹形式中，生成輸入數據字典的字串（搜索樹的路徑代表說字串）。從儲存路徑壓縮與輸出數據對應的輸入數據，與之前儲存的路徑相比，輸入與數據匹配的符號字串。藉由連接兩種不同類型的指針，聯繫起儲存符號，形成搜索樹所說的路徑。第一種類型的指針，在儲存符號之間，輸入符號序列，給定可能出現符號的替代位置上，顯示出儲存符號，第二種類型的

指針，在儲存符號之間，顯示出儲存的符號皆發生，在可能的輸入符號序列，當記憶體已滿時做出決定，如果它們包含了搜索樹的節點（沒有鏈結指針指向到另一個節點），就做出檢測或刪除搜索樹索引記憶體位置的順序，釋放記憶體位置，做出新的字典字串。

jj. Claim 36：一個用來壓縮輸入數據的編碼器應包含：一個有能夠從輸入數據接收連續符號的處理器，一個有能索引存儲位置的記憶體，即將一個由符號組成、能夠在輸入數據中代表成串符號的路徑的搜索樹存入記憶體中，同時意味著將輸入數據中的符號串與先前儲存於搜索樹中的路徑相配對，而為了從被儲存的路徑中產生能夠對應輸入數據的經壓縮之輸出數據，在搜索樹中已儲存的符號應藉由兩種不同類型的連接指針形成前述之路徑：介於已儲存符號間的第一類型指針指出，那些被儲存的符號在藉由一個輸入符號序列給定之位置是有替代可能的符號，而介於已儲存符號間的第二類型指針指出，那些被儲存的符號同時發生在一個可能的輸入符號序列，表示處理器經過編排後，可用以判定記憶體是否已滿，或用以測試搜索樹之連續索引的內存位置，或用以清除其包含的搜索樹節點沒有第二類型指針指向其他節點的內存位置，如此可讓產物釋出內存位置以便於新字典的輸入。

kk. Claim 37：根據 Claim 36 所述，在下一個符號儲存自由記憶體位置之前，處理器進一步安排測試所有索引的記憶體位置來形成字典。

ll. Claim 38：根據 Claim 36 所述，第二種類型的指針連接到第一個儲存的符號。替代儲存搜索樹的符號排序列表，由第一種類型的指

針連接儲存至每個成功的字串中。

mm.Claim 39：根據 Claim 36 所述，第二類型指針的每個連接點，可替代任何一個檢索樹的儲存符號，另外藉由第一類型的指針指向儲存符號，表示相互連接的列表，或由第一類型的指針指向相反的方向，將在列表中的儲存符號取出。

nn. Claim 40：一個用來壓縮輸入數據的編碼器應包含：一個有能夠從輸入數據接收連續符號的處理器，一個有能索引存儲位置的記憶體，即將一個由符號組成、能夠在輸入數據中代表成串符號的路徑的搜索樹存入記憶體中，同時意味著將輸入數據中的符號串與先前儲存於搜索樹中的路徑相配對，而為了從被儲存的路徑中產生能夠對應輸入數據的經壓縮之輸出數據，在搜索樹中已儲存的符號應藉由兩種不同類型的連接指針形成前述之路徑：介於已儲存符號間的第一類型指針指出，那些被儲存的符號在藉由一個輸入符號序列給定之位置是有替代可能的符號，而介於已儲存符號間的第二類型指針指出，那些被儲存的符號同時發生在一個可能的輸入符號序列，表示處理器經過編排後，可用以判定記憶體是否已滿，或用以測試搜索樹之連續索引的內存位置，或用以清除其包含的搜索樹節點沒有第二類型指針指向其他節點的內存位置，如此可讓產物釋出內存位置以便於新字典的輸入。程序安排為了保護最近反對搜索樹刪除創建的節點。

oo. Claim 41：一個用來壓縮輸入數據的編碼器應包含：一個有能夠從輸入數據接收連續符號的處理器，一個有能索引存儲位置的記憶體，即將一個由符號組成、能夠在輸入數據中代表成串符號的路徑的搜索樹存入記憶體中，同時意味著將輸入數據中的符號串

與先前儲存於搜索樹中的路徑相配對，而為了從被儲存的路徑中產生能夠對應輸入數據的經壓縮之輸出數據，在搜索樹中已儲存的符號應藉由兩種不同類型的連接指針形成前述之路徑：介於已儲存符號間的第一類型指針指出，那些被儲存的符號在藉由一個輸入符號序列給定之位置是有替代可能的符號，而介於已儲存符號間的第二類型指針指出，那些被儲存的符號同時發生在一個可能的輸入符號序列，表示處理器經過編排後，可用以判定記憶體是否已滿，或用以測試搜索樹之連續索引的內存位置，或用以清除其包含的搜索樹節點沒有第二類型指針指向其他節點的內存位置，如此可讓產物釋出內存位置以便於新字典的輸入。其中搜索樹的每個節點與各自的計數器有關，每次使用時間相關聯的節點，安排處理器提供壓縮輸出的數據，包括相關計數器碼字的長度，最短的碼字代表最常用的節點。

pp. Claim 42：一個用來壓縮輸入數據的編碼器應包含：一個有能夠從輸入數據接收連續符號的處理器，一個有能索引存儲位置的記憶體，即將一個由符號組成、能夠在輸入數據中代表成串符號的路徑的搜索樹存入記憶體中，同時意味著將輸入數據中的符號串與先前儲存於搜索樹中的路徑相配對，而為了從被儲存的路徑中產生能夠對應輸入數據的經壓縮之輸出數據，在搜索樹中已儲存的符號應藉由兩種不同類型的連接指針形成前述之路徑：介於已儲存符號間的第一類型指針指出，那些被儲存的符號在藉由一個輸入符號序列給定之位置是有替代可能的符號，而介於已儲存符號間的第二類型指針指出，那些被儲存的符號同時發生在一個可能的輸入符號序列，表示處理器經過編排後，可用以判定記憶體

是否已滿，或用以測試搜索樹之連續索引的內存位置，或用以清除其包含的搜索樹節點沒有第二類型指針指向其他節點的內存位置，如此可讓產物釋出內存位置以便於新字典的輸入。其中搜索樹中的節點是按順序儲存於記憶體中，處理器則作了可在儲存位置重新排列順序的編排，在一個節點被使用後，提高該節點的序號值，據此，很少被使用到的節點將取得低序號值，而序號值最低的節點將被刪除。

qq. Claim 43：根據 Claim 42 所述，其中所使用節點的序號值增加了一，在其前節點的序號值減少了一，則讓這兩個節點交換序號值。

rr. Claim 44：根據 Claim 42 所述，其中所使用節點的序號增加了最大值，則在其以上所有節點的序號值都減少一。

ss. Claim 45：根據 Claim 42、43、44 所述，其中搜索樹的每個節點都有一個相關聯的長度指數和壓縮輸出數據的碼字，安排處理器提供壓縮輸出的數據，其相關的長度為最短的碼字代表最高序號值的節點長度指數。

tt. Claim 46：一個用來壓縮輸入數據的編碼器應包含：一個有能夠從輸入數據接收連續符號的處理器，一個有能索引存儲位置的記憶體，即將一個由符號組成、能夠在輸入數據中代表成串符號的路徑的搜索樹存入記憶體中，同時意味著將輸入數據中的符號串與先前儲存於搜索樹中的路徑相配對，而為了從被儲存的路徑中產生能夠對應輸入數據的經壓縮之輸出數據，在搜索樹中已儲存的符號應藉由兩種不同類型的連接指針形成前述之路徑：介於已儲存符號間的第一類型指針指出，那些被儲存的符號在藉由一

個輸入符號序列給定之位置是有替代可能的符號，而介於已儲存符號間的第二類型指針指出，那些被儲存的符號同時發生在一個可能的輸入符號序列，表示處理器經過編排後，可用以判定記憶體是否已滿，或用以測試搜索樹之連續索引的內存位置，或用以清除其包含的搜索樹節點沒有第二類型指針指向其他節點的內存位置，如此可讓產物釋出內存位置以便於新字典的輸入。其中編碼輸入數據（包括空格），當發現這樣的位置是位於符號序列之間，則處理器安排結束新的索引樹儲存路徑程序。

uu. Claim 47：一個用來壓縮輸入數據的編碼器應包含：一個有能夠從輸入數據接收連續符號的處理器，一個有能索引存儲位置的記憶體，即將一個由符號組成、能夠在輸入數據中代表成串符號的路徑的搜索樹存入記憶體中，同時意味著將輸入數據中的符號串與先前儲存於搜索樹中的路徑相配對，而為了從被儲存的路徑中產生能夠對應輸入數據的經壓縮之輸出數據，在搜索樹中已儲存的符號應藉由兩種不同類型的連接指針形成前述之路徑：介於已儲存符號間的第一類型指針指出，那些被儲存的符號在藉由一個輸入符號序列給定之位置是有替代可能的符號，而介於已儲存符號間的第二類型指針指出，那些被儲存的符號同時發生在一個可能的輸入符號序列，表示處理器經過編排後，可用以判定記憶體是否已滿，或用以測試搜索樹之連續索引的內存位置，或用以清除其包含的搜索樹節點沒有第二類型指針指向其他節點的內存位置，如此可讓產物釋出內存位置以便於新字典的輸入。在使用中，處理器對命令信號的接收有所回應。

vv. Claim 48：一個用來壓縮輸入數據的編碼器應包含：一個有能夠

從輸入數據接收連續符號的處理器，一個有能索引存儲位置的記憶體，即將一個由符號組成、能夠在輸入數據中代表成串符號的路徑的搜索樹存入記憶體中，同時意味著將輸入數據中的符號串與先前儲存於搜索樹中的路徑相配對，而為了從被儲存的路徑中產生能夠對應輸入數據的經壓縮之輸出數據，在搜索樹中已儲存的符號應藉由兩種不同類型的連接指針形成前述之路徑：介於已儲存符號間的第一類型指針指出，那些被儲存的符號在藉由一個輸入符號序列給定之位置是有替代可能的符號，而介於已儲存符號間的第二類型指針指出，那些被儲存的符號同時發生在一個可能的輸入符號序列，表示處理器經過編排後，可用以判定記憶體是否已滿，或用以測試搜索樹之連續索引的內存位置，或用以清除其包含的搜索樹節點沒有第二類型指針指向其他節點的內存位置，如此可讓產物釋出內存位置以便於新字典的輸入。在使用中，對於字典和相應的輸出信號，處理器定期計算校驗值。

六、結論

本訴訟案還在審查尚未做出判決。

Fig.8(b).

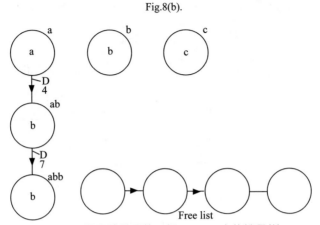

Fig 1.　顯示該發明的 4 個 symbol 中的搜尋樹

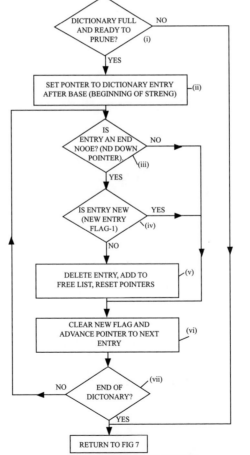

Fig 2.　本發明的演算法流程圖

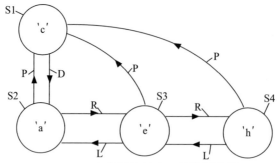

Fig 3(a)　本發明的其中一種搜尋流程

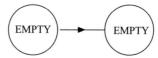

Fig 3(b)　是圖 3(a) 中，代表分配未使用記憶體給對方

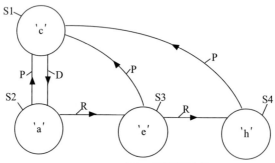

Fig 4(a)　另一種搜尋流程

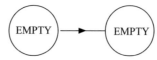

Fig 4(b)　是圖 4(a) 中，代表分配未使用記憶體給對方

Fig.3(a).

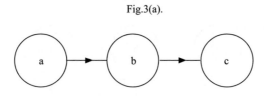

Fig.3(b).

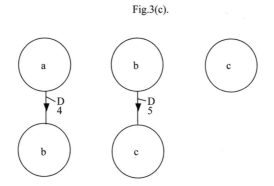

Fig.3(c).

Fig.3(d).

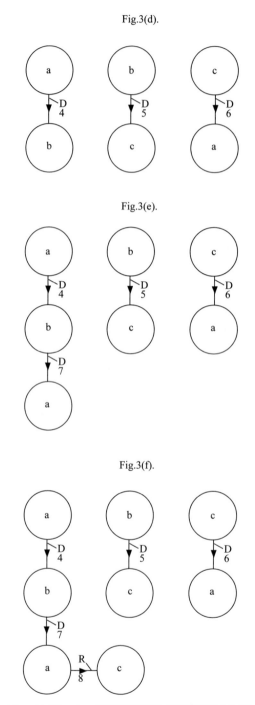

Fig.3(e).

Fig.3(f).

Fig 5(a) 至 5(f)　顯示本發明比較資料時的步驟

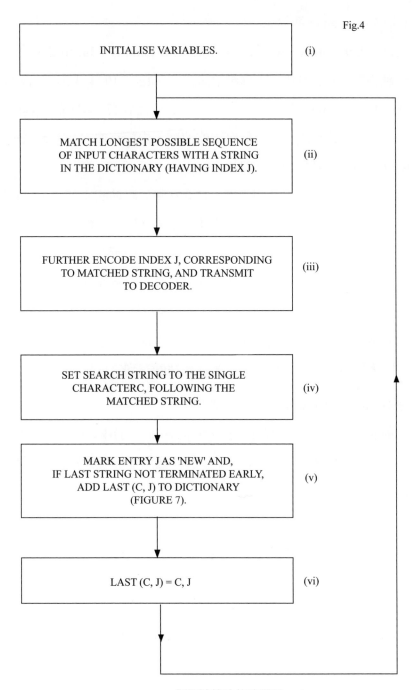

Fig.4

(i) INITIALISE VARIABLES.

(ii) MATCH LONGEST POSSIBLE SEQUENCE OF INPUT CHARACTERS WITH A STRING IN THE DICTIONARY (HAVING INDEX J).

(iii) FURTHER ENCODE INDEX J, CORRESPONDING TO MATCHED STRING, AND TRANSMIT TO DECODER.

(iv) SET SEARCH STRING TO THE SINGLE CHARACTERC, FOLLOWING THE MATCHED STRING.

(v) MARK ENTRY J AS 'NEW' AND, IF LAST STRING NOT TERMINATED EARLY, ADD LAST (C, J) TO DICTIONARY (FIGURE 7).

(vi) LAST (C, J) = C, J

Fig 6　編碼演算法的流程圖

有關 Ziv-Lempel 演算法

LZW（Lempel-Ziv-Welch）是 Abraham Lempel、Jacob Ziv 與 Terry Welch 創造的一種通用無損數據壓縮演算法。它在 1984 年由 Terry Welch 作為 Abraham Lempel 與 Jacob Ziv 在 1978 年發表的 LZ78 的改進版本而發表的。這種演算法的設計重於實現的速度，由於它並沒有對數據做任何分析所以並不一定是最好的演算法。

編碼／解碼方法的主要關鍵是，它會在將要壓縮的文本中，自動地建立一個先前見過字串的字典。這些字典並不需要與這些壓縮的文本一起被傳輸，因為如果正確地編碼，解壓縮器也能夠依照壓縮器一樣的方法把它建出來，將會有完全與壓縮器字典在文本的同一點有同樣之字串。

字典會從 256 個條目開始，每一個是給每種可能的字元（單一位元字串）。每一次一個字串在字典中並被見過，那麼文字中，附加在單一字元後，接著該字串的一個較長文字，就會被儲存到字典中。

七、字典基礎壓縮演算法的簡單範例

一般而言，字典基礎的壓縮會以標記（token）來取代片語（phrase）。如果標記的位元數量是少於片語所需的位元數目，那麼壓縮就如此產生。

未壓縮的文本為：

"I am dumb and because I am dumb, I can't even tell you that I am dumb."

壓縮過的文本：

"$1 and because $1, I can't even tell you that $1. $1=[I am dumb]"

八、使用

這個方法在程式「壓縮」上廣泛地被使用，大約在 1986 年或多或少

變成 Unix 系統中的標準工具（自很多法律和技術的原因消失之後）。數種其他受歡迎的壓縮工具也使用這種方法，或者是有緊密關係的方法。於 1987 年，在它變為 GIF 影像格式的一部分後，它變成非常廣泛地使用格式。它也可以（可選擇）被使用於 TIFF 檔案。在大部分的應用，LZW 壓縮比當時已有且廣為人之的方法提供一個比較好的壓縮率。它變成電腦上第一個被廣泛使用在一般目的資料壓縮的方法。在次數多的英文文本中，一般它可以壓縮到大約原來大小的一半。其他的資料種類在很多情況下也相當的有用。

九、專利

對於 LZW 和類似的演算法，在美國和其他國家已經發行數個專利。LZ78 是包含在（英文）美國專利 4,464,650，由 Lempel、Ziv、Cohn 和 Eastman，指派給 Sperry 公司，後來是 Unisys 公司，申請於 1981 年 8 月 10 日，而且大概現在已經到期。針對 LZW 演算法有兩個美國專利：由 Victor S. Miller 和 Mark N. Wegman 的（英文）美國專利 4,814,746，指派給 IBM，原本於 1983 年 6 月 1 日申請，和 Welch 的（英文）美國專利 4,558,302，讓受給 Sperry 公司，後來為 Unisys 公司，於 1983 年 6 月 20 日申請。

美國專利 4,558,302 是最常導致爭論的一個。Unisys 在當時授權免除使用費的專利執照給自由軟體和免費獲得的私有軟體之開發者；該公司於 1999 年 8 月終止該執照。很多法律的專家已斷定該專利並不包含只能解壓縮 LZW 資料而無法壓縮它的各種裝置；因為這個原因，普遍使用的 Gzip 程式只能讀取.Z 檔但是不能寫入。

Debian 每週新聞以 comp.compression 討論串為基礎所作的報導，在美國的 Unisys 專利於 2002 年 12 月 20 日到期–在它被授權後的 17 年又

10 天之後。大部分其他來源宣稱該專利於 2003 年 6 月到期，在它申請的 20 年後。

根據 Unisys 網站上的一個陳述，在英國、法國、德國、義大利、和日本之 LZW 相對應的專利，已經在 2004 年 6 月過期，而加拿大的專利於 2004 年 7 月 7 日到期。

IBM 的美國專利已於 2006 年 8 月 11 日到期。

案例四、瑞士通信公司（Monec Holding）v.s 惠普（HP）

摘要

2008 年 4 月 2 號，瑞士通信公司（Monec Holding）在美國維吉尼亞州地方法院，以專利 6,335,678（Electronic device, preferably an electronic book）對惠普（HP）公司提出控告，聲稱惠普 HP Compad 2710p 該款筆電侵權。惠普也曾引用另一個美國專利 5,983,073 （Modular notebook and PDA computer systems for personal computing and wireless communications）反告 Monec 的專利 6,335,678 無效之訴。

最後雙方已於 2009/03/12 達成協議中止訴訟。

隔年，瑞士通信公司（Monec Holding）又以同一件專利控告美國蘋果公司，於 2009 年 3 月 23 號在美國維吉尼亞州地方法院提出告訴，指控蘋果 iPhone 手機侵犯了該公司的專利。

一、簡介

原告瑞士通信公司（Monec Holding）是存在於瑞士法律管轄內的一間有組織的公司，主要營業地點在瑞士的首都－伯恩（Berne）。MONEC 通過其投資，在商務開發和市場經營銷售有關數據傳輸的行動電子通訊系統設備，並且管理和利用專利在這一領域頒發許可證。

被告蘋果公司（APPLE）位於加州的一家公司，在 1976 年，是由史帝夫賈柏斯（Steve Jobs）和史帝夫沃茲尼克（Steve Wozniak）創立，總部設在加利福尼亞州（California）與世界各地，並在阿靈頓，弗吉尼亞州（Arlington, VA）建立定期業務。被告的業務範圍已經遍及整個美國。

被告 HP 公司於 1939 年，在美國加州帕洛艾爾托市（Palo Alto）由兩位年輕的發明家比爾‧休利特（Bill Hewlett）和戴維‧帕卡德（David

Packard），懷著對未來科技技術發展的美好憧憬和發明創造的激情下成立了公司，開始了矽谷的創新之路。

Monec 宣稱該公司的美國專利 6,335,678（Electronic device, preferably an electronic book）主要用於輕巧的電子裝置中，而且最適合用在電子書的產品。

蘋果公司推出的 App Store 當做販賣程式的網路商店，可以使 iPhone 手機透過它直接下載免費或需付費的程式，而蘋果公司在 App Store 供應電子書閱讀程式，可以使 iPhone 觸控式手機能當電子書閱讀器來使用。而且，市場人士普遍認為，亞馬遜（Amazon）推出 iPhone 與 iPod 版本的 Kindle 電子書免費應用軟體，讓Kindle 與 iPhone 市佔率再擴大，可能也是引起訴訟的主因。

二、找出爭議點技術如何被濫用

1.爭議點

根據 MONEC 的控訴，認為惠普 HP Compad 2710p 該款筆電侵犯了專利 6,335,678（Electronic device, preferably an electronic book）（如表 5-4）。

惠普承認，由於 Monec 聲稱指控專利侵權，這種不公平的貿易做法，壟斷和侵權干擾惠普潛在的業務優勢，但惠普指出，Monec 不但沒有說出關於一個或所有罪名的索賠，還否認惠普是有任何行為侵權或不公平貿易行為，壟斷和侵權干擾與潛在的商業優勢。

隔年，由於 APPLE 公司推出了一款觸動式的 iPhone 手機，而且加入了電子書的功能，原告 MONEC 聲稱該公司專利 6,335,678 （Electronic device, preferably an electronic book）最適合用於電子書的產品上，所以也認為這款 APPLE 推出的產品侵犯了此項專利（如表 5-5）。

表 5-4、Monec 控告惠普

原告	Monec Holding AG
被	Hewlett-Packard Company
提告時間	2008 年 04 月 02 日
地點	美國 Eastern District of Virginia
案號	2:08-cv-00153
系爭專利	US6,335,678 Electronic device, preferably an electronic book [13]
引用專利	US5,983,073 Modular notebook and PDA computer systems for personal computing and wireless communications [14]
爭議議題	電子裝置

表 5-5、Monec 控告蘋果

原告	Monec Holding AG
被告	Apple Inc.
提告日期	2009 年 03 月 23 日
地點	美國 Eastern District of Virginia
案號	1:09-cv-00312
系爭專利	US6,335,678 Electronic device, preferably an electronic book [13]
爭議議題	電子裝置，用於電子書

Source：科技政策研究與資訊中心—科技產業資訊室整理，2009/03

2.技術如何被濫用

根據'678 專利的所有權 1 所示的電子產品中，有一個顯示器可以顯示一個正常頁面大小的畫面，所以 Monec 認為該公司的此項技術被 Apple 濫用於將 iPhone 產品當做電子書來使用。

除了以上這點，此專利所有權第一點提及的技術中，還有以下幾點被 Apple 濫用：

1. Apple iPhone 有個 3.5 吋多點觸控式顯示器。

2. Apple iPhone 外殼內有個可充電式的鋰電池。

3. Apple iPhone 有 SIM 卡，SIM 卡夾，並附帶一個彈出 SIM 的工具。

4. Apple iPhone 允許使用者閱讀一個正常規格的書。

5. 目前 Apple iPhone 在一個或多個模組與 GSM/GPRS/ EDGEAJMTS 網路，藍芽網路，和 Wi- Fi 的（802.1lb/g）網路中作通訊。

6. Apple iPhone 的無線電頻率操作在 850, 1800, 900 和 2100Mhz 其中一種。

三、起訴書被告如何侵權侵編號多少的專利

被告 Apple 將旗下產品 iPhone 當成電子書來使用，侵犯了 Monec 公司的'678 專利。

2002 年 1 月 1 日，美國專利號 6335678（以下簡稱'678 專利'），提到爲最好是電子書的電子設備，此專利即時合法於 Theodor Heutschl 發佈。業主 MONEC 是通過轉讓的'678 專利，並擁有專利所有權，以執行'678 專利反對被告。'678 專利正確的副本所作爲一個證物 A。

關於此專利的所有權如下：

a. Claim 1：一種電子裝置包括：外殼、顯示器、輸入設備、微處理器、控制排程設備、記憶體、電源和至少一個允許在周邊設備進行資料交換的介面。從至少一個周邊設備中，將收到的資料和被儲存的資料做資料交換；上述表示的顯示器可以顯示一個書本正常大小的尺寸；聲稱外殼是一個統一單位和形狀的框架並將此顯示畫面集中顯示在這個外殼平面上；而且表示操作輸入設備可以控制電子設備，並表示說輸入設備提供了一種觸控式的控制設備在顯示螢幕上；一個可操作的 station 以無線電網路的方式接收和發送訊號，此提供的 station 安裝在上述的外殼裡，其中上述的 station 提供了至少一個可操作的接收模組去接收一個 GSM 晶片或一個 SIM 晶片，而且至少一個無線網路的接收模組包含其中：上述的 station 可以用 Natel-C 無線電話網路、Natel-D 無線電話網路、GSM、GPRS、EDGE 系統、UMTS、藍芽、有線電話廣播網路、

本地無線網路和衛星網路之中，其中一種方法來操作訊號交換，其中可以被轉換的電子訊號和將它可視化稱為顯示。

b. Claim 2：根據 Claim 1 所述的一種電子裝置，其中說外殼是整合了一個有揚聲器和一個麥克風或者一個連結到頭戴式耳機的介面，可以用無線電網路的方式幫助操作電話。

c. Claim 3：根據 Claim 1 所述的一種電子裝置，其中說外殼是整合了一個攝影機和一個可操作圖片訊號傳送的計算單元，用上述所說的配置可幫助用戶為電話會議的可視化。

d. Claim 4：根據 Claim 1 所述的一種電子裝置，其中說外殼外部的尺寸在 12×18 公分和 24×32 公分之間，而且高度估計為 1 到 3 公分。

e. Claim 5：根據 Claim 1 所述的一種電子裝置，其中說外殼是由合成材料製成而且只有提供一個 on/off 開關。

f. Claim 6：根據 Claim 1 所述的一種電子裝置，其中說記憶體是只有一個固定的記憶體整合在上述說的外殼中。

g. Claim 7：根據 Claim 1 所述的一種電子裝置，還包括了電子發聲器與文字的識別。

h. Claim 8：根據 Claim 1 所述的一種電子裝置，其中說電源是蓄電磁的型式，它可以用太陽能充電或者主要由電流經過一個連接的電池充電器來充電。

i. Claim 9：根據 Claim 1 所述的一種電子裝置，其中說配置是設計成多頻帶可以幫助從多個本地和跨地區領域的無線網路作資料轉換。

j. Claim 10：根據 Claim 1 所述的一種電子裝置，還包括額外的輸入設備的操作方式由至少一個語音控制、聲音訊號、光訊號、腦電流、近似開關和開關可以活化機械。

k. Claim 11：根據 Claim 1 所述的一種電子裝置，其中說電子資料可以由週邊裝置或無線網路讀取。

l. Claim 12：根據 Claim 1 所述的一種電子裝置，其中說電子裝置是一個電子書。

m.Claim 13：根據 Claim 1 所述的一種電子裝置，其中說顯示器是一個液晶顯示器。

FIG.1

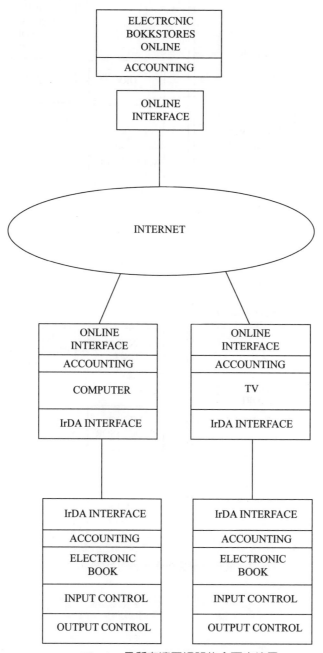

Fig. 1 是所有連至網路的介面方塊圖

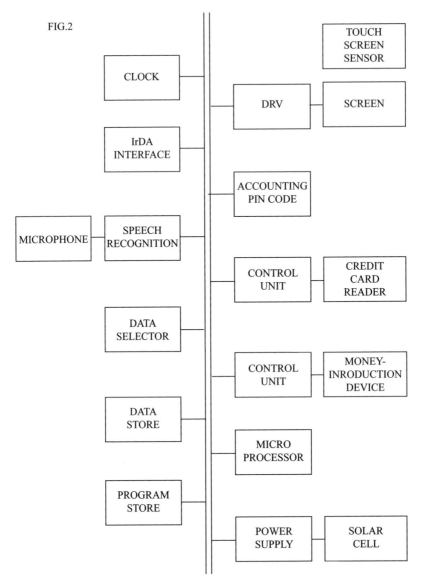

FIG.2

Fig. 2　系統在做資料傳送時的方塊圖

FIG.3

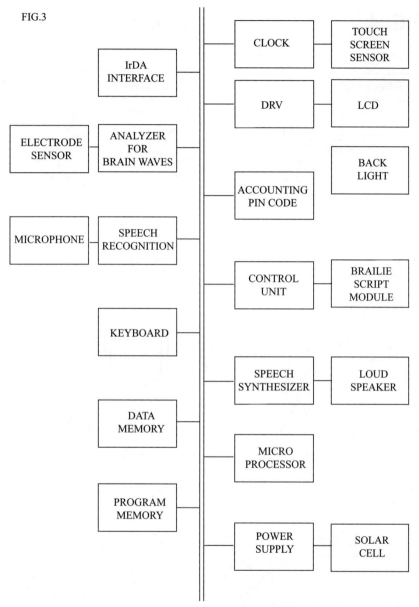

Fig. 3　組成電子書的方塊圖

FIG. 4

Fig. 4　電子導覽機（kiosk）

FIG. 5

Fig. 5　電子書局

FIG. 6

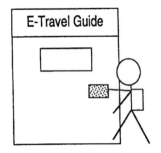

Fig. 6　電子旅遊指南

FIG. 7

Fig. 7　資料傳送的電腦或電視

FIG. 8

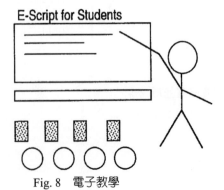

Fig. 8　電子教學

FIG. 9

Fig. 9　線上購物

FIG.10

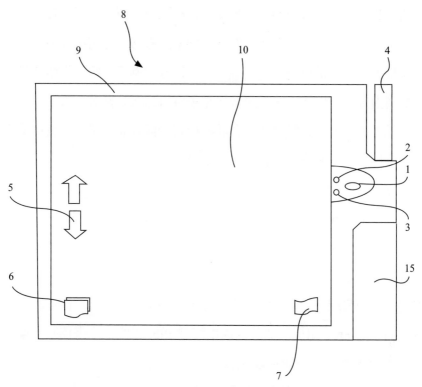

Fig. 10　本發明電子書的府視圖

FIG.11

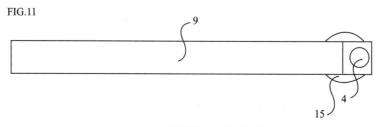

Fig. 11　本發明電子書的側視圖

　　Fig. 1 為一個電子書店的例子，它是以線上介面的方式連到網路。大多數的書籍、雜誌、報紙和文件都儲存在電子資料庫中。電子書店有一個會計系統，它允許資料供應者收取資料檢索的數據，經由這種系統方法可以選擇電子資料，這可能是一個電腦或電視機的例子，經過網路並且將資料下載到指定的記憶體。該系統傳送電子資料到閱讀裝置（電子書）。該系統和電子書有一個資料傳送的會計系統和一個介面。電子書有個獨立的記憶體可以儲存多個選定的資料。電子書有自己的電源供應，因此可以使用在任何需要使用的位置。資料可以在記憶體中進行管理和以輸入控制的方法進行檢索，輸出控制提供了影像、聲音或給盲人使用者的方法。

　　Fig. 2 是一個系統在做資料傳送時，由各個提供的成份組成的區塊圖。該系統的螢幕由觸控式螢幕感測器組成，且驅動程式將影像輸出或介面控制連到網路或是一個介面給電子書，這些接口可能由一個電纜或一個調變電磁波的 plug 組成，估計可以由控制 PIN 碼的方法來控制，顯示的時間是由時鐘控制。系統可能包含一個投幣裝置或一個信用卡讀卡器。該系統可以經由連接資料的方式選擇一個麥克風與語音識別，以便任何資料可以被選擇和傳送。一個微處理器控制了資料流的型式、程序和資料儲存。該電源供應由一個供應單位和一個獨立的蓄電池組成，可以使用太陽能電池。

　　Fig. 3 顯示了液晶設備的電子顯示器有背景照明，背景照明可以隨意的切換。此功能在光線不足的地方特別有用，其他用於顯示訊息的技術也可以想像能提供相同效果。

　　Fig. 4 顯示了一個電子站（E-News stand），其中取得用戶選擇世界各地的最新報紙和雜誌，傳送到它的電子書中。相關的結帳訊息使用投幣裝置、接受信用卡或 PIN 碼。

Fig. 5 顯示了一個電子書店（E-book store），其中使用者取得一個它選擇的書籍和文件，並傳送到它的電子書中。

Fig. 6 顯示了一個電子旅遊指南（E-travel guide），其中使用者可以在他的電子書上閱讀想要的旅遊資訊（城市規劃圖、地圖、旅遊景點等）。

Fig. 7 顯示了用接口連到網路的一台電腦、個人電腦或是電視機，提供所有遍及全球的資料、資訊，且根據 Fig. 4 到 Fig. 6 可以傳送到電子書。相關的結帳訊息使用信用卡或 PIN 碼的方式。

Fig. 8 的圖解法顯示了一個講師和他的學生們，那些學生收到了被傳送到電子書有關於演講的手稿（E-script for students），因此學生有更多時間，以便準確的跟上講師的演講。

Fig. 9 顯示了一個電子購物目錄（E-shopping）可以傳送到電子書中，針對有需求和有購物習慣的用戶。

Fig. 10 顯示了根據發明的電子裝置 8 的立視圖，作為一個使用者可以攜帶它。適當的外部尺寸在 12×18 公分到 24×32 公分之間，它包括了一個框架和外殼 9、顯示器 10、天線 4、經由無線電網路接收或發送的 station 15 和一個操作表面 5、6、7 建構出一個觸控式螢幕。無線電傳輸發生例如經由：Natel-C、Natel-D、GSM（Global System for Mobile Communications）、GPRS（General Packet Radio Services）、EDGE（Enhanced Data rates for GSM Evolution）、UMTS（Universal Mobile Telecommunication System）、藍芽或衛星等等。該 station 也可以建構交換訊號經由無線電話網路，進而通過當地無線電網路，像是藍芽這個例子。有了後者，因此在任何位置都可以連接到網路，舉例像是在一間學校，可以記憶本地資訊，除了外殼提供的 on/off 開關 1 之外，額外的控制

開關 5 可能被設置，用來翻閱記錄中書或雜誌的前頁或後頁或顯示某個預定的頁面。此外，指標 6 儲存的內容或組合庫的儲存和控制按鈕 7 可印出某個頁面或多個提供的頁面。

四、原告如何根據法律發現侵權、想如何判、想如何賠

原告 Monec 認為被告 Apple 明知道將自己的產品 iPhone 當做電子書來使用的這個行為，已經侵犯了原告的專利所有權，還繼續大量的販售此產品，所以根據法律 35 U.S.C. 271 Infringement of patent 其中的 (C)，將被告 Apple 視為侵權者。

此外，如果 Apple 已經侵犯了 '678 專利，還故意地繼續販售產品，這將會造成原告 Monec 更大的損失，所以為了維護原告的權益，可以根據法律 35 U.S.C. 284 Damages，對被告加重其賠償。

35 U.S.C. 271 Infringement of patent 的法律內容如下：

(C)誰提供了銷售或在美國境內銷售，或者進口專利機械的組件到美國，並且製造、組合、構圖，或者在專利的方法實行下使用材料或器具，且明知道其行為建立了一個發明的重要部分，尤其是特別適用於製造或使用了這些專利而構成侵權，而不是大量的貿易了大宗物品或商品卻為非侵權的使用行為，應承擔作為一個侵權者。

35 U.S.C. 284 Damages 的法律內容如下：

一旦原告發現侵權，法院將判給原告足以彌補侵權的損害賠償，但侵權者侵權使用發明的賠償絕不能少於合理的賠償，連同利息及固定成本。

當損害沒有被陪審團找到，法院必須加以評估。無論任一事件，法院可能會增加發現或評估的損失金額到最高三倍。

法院可能會在決定損害賠償或什麼是合理賠償的情況下，接受專家的證言作為一種輔助手段。

五、要求的判決及賠償

　　Monec 經由專利侵權訴訟中，希望被告 Apple 公司能付出足以充分補償 Monec 的賠償金，包括利潤的損失或者合理的使用費，以及評估在審判之前的利息和審判後的利息。

1. 本法院的文件命令蘋果在 30 天的禁令內服務 Monec，一份以書面型式立下誓言的報告，詳細列出蘋果公司已遵守禁令和該法院任何一個命令。

2. 命令蘋果考慮到所有收益、利潤、利益，和不法行為得到的款項。

3. 在上述生產的帳目計算，經由帳目上和成本的結算顯示描述反對蘋果的判決。

六、審判結果

　　由於此專利訴訟案件發生時間為 2009 年，所以關於此案件最後的判決結果，法官還在審理中。

案例五、諾基亞（Nokia）v.s 蘋果（Apple）

一、天線專利部分：

U.S. Patent 6,317,083

Antenna having a feed and a shorting post connected between reference plane and planar conductor interacting to form a transmission line [15]

發明人：

Johnson, Alan (Camberley, GB)

Modro, Joseph (Hants, GB)

申請號：

09/355019

出版日期：

11/13/2001

申請日期：

07/16/1999

1.摘要

此一天線是由一個參考面（reference plane）204、一個具導電性且附於參考面上的薄板（lamina）202、和一對連結參考面和薄板之間的供應區（feed section）202 所組成的。該供應區 206 被安排作為一個傳輸線，而且可能是由至少兩條互相平行的導體 208 所組成，其中一條導體 208b 負責與供應區的連線，而另一條導體 208a 負責連到參考面。供應區可能會形成一個共面的細長片（coplanar strip）的型式。

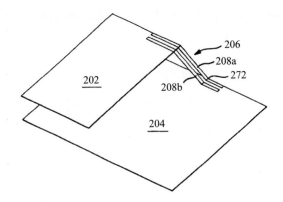

Fig. 1　本專利的天線示意圖

2. 有關於此專利被侵害的條款，以下將詳細說明：

a. Claim 1：一條天線包括：一個參考面；一個具導電性且附於參考面上的薄板；以及，一個從參考面擴展到薄板的供應區，而且成雙出現在參考面與薄板之間。其中，此供應區包括：第一條導體，用於提供供應訊號（feed signal）給具導電性的薄板，和第二條導體，用於連接到參考面。其中，第一條和第二條導體互相形成同一條傳輸線。

b. Claim 2：根據 Claim 1 所述的天線，其中供應區是由至少兩條互相平行的導體所組成，一條導體連接到供應區，而另一條連接到參考面。

c. Claim 3：根據 Claim 1 所述的天線，其中供應區是連接參考面和具導電性的薄板之間所相鄰的邊上。

d. Claim 4：根據 Claim 3 所述的天線，其中供應區是連接到與具導電性薄板的相鄰邊上。

e. Claim 5：根據 Claim 1 所述的天線，其中供應區是由細長片（stripline）所組成。

f. Claim 6：根據 Claim 1 所述的天線，其中供應區是由微小的細長片（microstrip）所組成。

g. Claim 7：根據 Claim 1 所述的天線，其中供應區是由兩條互相共用平面的細長片所組成。

h. Claim 8：根據 Claim 1 所述的天線，其中供應區的成份是由兩部分所組成：第一部分是由微小的細長片平行的連接到參考面；第二部分是由兩條互相共用平面的細長片所組成，其中擴展的角度是從參考面至薄板之間。

i. Claim 9：行動電話上包含 Claim 1 所述的天線。

j. Claim 10：可攜式的無線電裝置包含 Claim 1 所述的天線。

k. Claim 11：一個平面式倒 F（planar inverted-F）包括：一個共振在頻率 f=Nλ/4 的平面式導體，其中 n 為奇數；一對在平面式導體和參考面之間的短路針，用於將平面式導體和參考面之間短路；一個提供供應訊號給平面式導體的進料器（feed），其中短路針和進料器被安排作為傳輸線引導短路針和進料器之間的供應訊號。

l. Claim 12：根據 Claim 2 所述的天線，其中供應區是連接參考面和具導電性的薄板之間所相鄰的邊上。

m. Claim 13：根據 Claim 3 所述的天線，其中供應區是連接參考面和具導電性的薄板之間所相鄰的邊上。

n. Claim 14：根據 Claim 2 所述的天線，其中供應區是由細長片所組成。

o. Claim 15：根據 Claim 3 所述的天線，其中供應區是由細長片所組成。

p. Claim 16：根據 Claim 2 所述的天線，其中供應區是由微小的細長片所組成。

q. Claim 17：根據 Claim 3 所述的天線，其中供應區是由微小的細長片所組成。

r. Claim 18：根據 Claim 2 所述的天線，其中供應區是由兩條互相共用平

面的細長片所組成。

s. Claim 19：根據 Claim 3 所述的天線，其中供應區是由兩條互相共用平面的細長片所組成。

t. Claim 20：根據 Claim 2 所述的天線，其中供應區的成份是由兩部分所組成：第一部分是由微小的細長片平行的連接到參考面；第二部分是由兩條互相共用平面的細長片所組成，其中擴展的角度是從參考面至薄板之間。

u. Claim 21：根據 Claim 3 所述的天線，其中供應區的成份是由兩部分所組成：第一部分是由微小的細長片平行的連接到參考面；第二部分是由兩條互相共用平面的細長片所組成，其中擴展的角度是從參考面至薄板之間。

v. Claim 22：行動電話上包含 Claim 2 所述的天線。

w. Claim 23：行動電話上包含 Claim 3 所述的天線。

x. Claim 24：可攜式的無線電裝置包含 Claim 2 所述的天線。

y. Claim 25：可攜式的無線電裝置包含 Claim 3 所述的天線。

3. 說明

本發明是有關於天線，尤其是平板型或平面型的天線。

隨著電子技術和通訊技術的不斷進步，出現了提高設備效能和降低設備大小的先驅。尤其在行動通訊領域中，對於降低電子設備大小的需求越來越高，如電話、電腦、筆記型電腦，但是對於設備的效能卻不能減少。

對於設計設備的尺寸和重量，可能已被加入提高效能的設計目標之中。天線的效能可以經由各種參數來做測量，如增益、特定吸收比率（SAR）、阻抗頻寬和輸入阻抗。依照慣例，行動電話已經在機體附上了伸縮天線，有助於達到高於成本的性能。然而，裝置的天線從建築物延伸

出來，會使天線容易斷裂，而且當減少伸縮天線的長度，增益也會跟著減少，但這現象是不可取的。隨著通訊裝置的尺寸越來越小，伸縮天線不太能夠成為天線的解決方法。

因此，發展將天線設置於手機中的技術是必要的，如平板式天線的例子或像是平面式倒 F 天線（PIFAs）的低姿勢（low profile）天線，都是眾所皆知的技術。 PIFAs 是由一種支援高於參考電壓程度的平面式且具導電性薄板所組成，該薄板可能會因為空氣介質或支撐它的固體介質，而從參考電壓平面分離。該薄板的腳位是經由接地柱連接到接地源，並給予電感性負載給薄板。該薄板在想要的操作頻率上設計的電器長度。一個進料器是連接到一條平面式薄板的邊上，而且這條邊是與接地的腳位相鄰。該進料器可能是由同軸電纜線的內導體所組成，同軸電纜線的外部導體則在連接到接地源時停止。內部導體延伸通過地平面和介質（如果存在）直到輻射板。像這種進料器直至接地源都受到外部導體的保護，但是延伸到輻射板則不受保護。

該 PIFA 形成每單位長度擁有電容和電感的諧振電路。該進料板是放置於離腳位一段距離，使得該點的天線阻抗能與供應線的輸出阻抗做匹配，其中阻抗通常是 50 歐姆。PIFA 中諧振的主模式是在邊的短路和開路之間，因此 PIFA 支援的諧振頻率是依賴於薄板側邊的長度，以及薄板的寬度和厚度。

平面式倒 F 天線在可攜式無線電設備，如無線電話、筆記型電腦上有特定的應用，尤其是它的高增益和全方向輻射場型。平面式天線也適合應用在需要選擇良好頻率的情況上。此外由於天線的無線電頻率相當小，所以可以用於建築物的設備中。

因此本發明的天線能在不犧牲效能的情況上，比平面式天線增加更多

的阻抗頻寬。它的能量是沿著傳輸線供應區的導體，所以它從供應區散發出來的輻射量很小。再加上，製造此天線很容易，所以生產的價格相當低廉。

二、U.S. Patent 6,348,894 Radio frequency antenna [16]

發明人：

Lahti, Saku (Tampere, FI)

申請號：

09/567909

出版日期：

02/19/2002

申請日期：

05/10/2000

1.摘要

　　一個擁有非平面式諧振區域的射頻天線，為了運送通訊信號，在兩個無線電裝置之間經由無線電通信線路發送和接收電磁波。該諧振區域至少有兩個部分交叉，所以其中一部分的輻射面和另一部分的輻射面是位於不同的平面。為了將輸入的阻抗做最佳化，諧振區域阻抗匹配的部分是用來提供連接到諧振區域的短路。訊號導線管的部分是用來供應訊號給接近諧振區域阻抗匹配的部分。天線是整合在手持式通訊設備的系統導體中，這使得手持裝置能經由無線電通信線路與通訊網路來通訊。

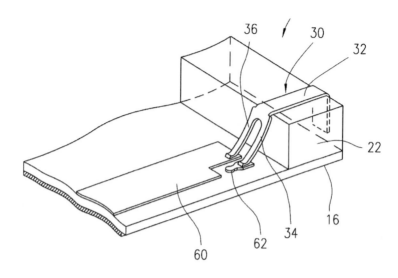

Fig. 1　本專利的天線示意圖

2. 有關於此專利被侵害的條款，以下將詳細說明：

a. Claim 1：一種操作在無線頻段，且被使用在含有系統連結器的手持裝置中的天線，稱為射頻天線（radio frequency antenna），其中包括：一段用於輻射或接收帶有通訊信號之電磁波的共振區；以及，一段為了阻抗匹配，而結合該共振區的供應區。其中，此種射頻天線是結合系統連結器，使得手持式通訊設備可以經由無線電通信線路而連上通訊網路。

b. Claim 2：根據 Claim 1 所述的射頻天線，其中手持式通訊設備擁有一個末端是放置電話天線，而另一端放置系統連結器，以實際的方式將射頻天線與電話天線作分離。

c. Claim 3：根據 Claim 1 所述的射頻天線，其中無線電通信線路可操作在藍芽的頻率範圍內。

d. Claim 4：根據 Claim 1 所述的射頻天線，其中無線電通信線路可操作在無線區域網路的頻率範圍內。

e. Claim 5：根據 Claim 1 所述的射頻天線，其中通訊網路包含一個無線區域網路系統。

f. Claim 6：根據 Claim 1 所述的射頻天線，其中通訊網路包含一個實際連接到通訊網路的連結裝置，而且此連結裝置能使電器插頭與手持式通訊設備的系統連結器作連接，這樣使得手持式通訊設備能以有線的方式，選擇傳輸訊號或從通訊網路接收。

g. Claim 7：根據 Claim 6 所述的射頻天線，其中傳輸的訊號或從通訊網路中接收到的訊號是以有線的方式，在封包交換模式或電路交換模式中作傳輸或接收。

h. Claim 8：根據 Claim 1 所述的射頻天線，其中共振區是非平面的。此種非平面式共振區在兩個不同但有交集的平面上，摺疊成至少兩個部分。以及，其中所述的手持式通訊設備包括一個處理通訊信號的電子處理器，且該供應區組成一個訊號管道的部分，使通訊信號能夠在共振區和電子處理器之間作傳輸。

i. Claim 9：根據 Claim 8 所述的射頻天線，其中手持式通訊設備進一步地包括一個信號地線和一個有輸入阻抗的共振區。以及，所述的供應區中阻抗匹配的部分，連接到信號地線是爲了與輸入阻抗作匹配。

j. Claim 10：根據 Claim 9 所述的射頻天線，其中訊號管道的部分和阻抗匹配的部分要加入共振區的一個末端。

k. Claim 11：根據 Claim 9 所述的射頻天線，其中阻抗匹配的部分包括一條狀的導電性材料。

l. Claim 12：根據 Claim 9 所述的射頻天線，其中阻抗匹配的部分包括一個感應元件。

m. Claim 13：根據 Claim 12 所述的射頻天線，其中感應元件包括一個線

圈電感。

n. Claim 14：根據 Claim 12 所述的射頻天線，其中感應元件包括一個貼片電感。

o. Claim 15：根據 Claim 9 所述的天線，其中阻抗匹配的部分是實現在印刷電路板上。

p. Claim 16：根據 Claim 9 所述的天線，其中信號管道的部分是實現在印刷電路板上。

q. Claim 17：根據 Claim 9 所述的天線，其中共振區包括一個直接與印刷電路板結合的部分，以及一個與印刷電路板分離的部分。其中，這兩部分是以電力的方式，與發送輻射的天線元件作連接。

r. Claim 18：根據 Claim 9 所述的天線，其中共振區是由一單條狀的導電性材料所組成。

s. Claim 19：在含有系統連結器的兩個手持式通訊設備之間，用無線頻段傳輸通訊信號的方法，包括下列步驟：提供一個非平面共振區來傳播或接收帶有通訊信號的電磁波；以及，提供一個連結到非平面共振區作阻抗匹配的供應區，其中，非平面式共振區在兩個不同但有交集的平面上，摺疊成至少兩個部分，且非平面共振區結合在系統連結器中。

t. Claim 20：根據 Claim 19 所述的方法，其中供應區包括：爲了提供通訊信號給共振區或從共振區得到通訊信號，而將訊號管道的部分加入共振區的供應端（feed point）。

u. Claim 21：根據 Claim 20 所述的方法，其中共振區擁有一個阻抗和阻抗匹配的部分，以及將分離它們的訊號管道形成的槽（slot）。槽的間隔可以被擴大或縮小來改變共振區的阻抗。

v. Claim 22：根據 Claim 21 所述的方法，其中形成的槽可以縮短或延長來改變共振區的阻抗。

w. Claim 23：根據 Claim 19 所述的方法，其中共振區重疊了多個的部分，使得每一個部分都擁有一個共振表面，且不同於其他部分的共振表面。

3.介紹

①發明的領域

本發明涉及到的範圍是一般以無線電通訊頻率（RF）來傳輸訊號的天線，尤其天線工作在大約 2.45GHz 的無線電頻率上。

②發明背景

藍芽系統提供了一個在兩個電子裝置之間經由無線電短距離傳輸的通信通道。尤其是藍芽系統使用大約 2.4GHz 的無線電頻率在 ISM（Industrial-Scientific-Medical）頻帶上。藍芽無線電通信線路意圖成為在可攜式和（或）固定式的電子裝置之間的取代纜線。可攜式裝置包括行動電話、通訊器、音頻耳機、筆記型電腦，以及測地衛星（GEOS）或 Palm OS 為基礎的裝置和其他不同操作系統的裝置。

藍芽系統的工作頻率是全球可用的，但藍芽頻帶和無線電頻率通道的允許頻寬，可能會因為國家的不同而改變。以全球性來看，藍芽的工作頻率落在 2400MHz 至 2497MHz 之間，且免費空間中所對應的波長在 120 毫米至 125 毫米之間。在免費空間中的一條波長為 λ 的天線，其藍芽天線之輻射元件的實際長度相等於電長度 30 毫米至 31.25 毫米。但是當天線安裝在裝置中時，天線周圍材質的相對介電係數（relative permittivity）大大地減少了輻射元件的實際長度。

即使輻射元件短於 30 毫米，整合這樣的射頻天線至電子裝置中，仍

是設計裝置的重大挑戰。該天線周圍需要一些空間，以便正確地操作，且不可以被放置在裝置機殼的內部。此外有關天線的射頻元件必須正確地隔離於其他裝置的電子元件。

到目前為止，小尺寸的射頻天線是根據平面式結構來設計，例如歐洲專利申請編號 0 623 967 A1 揭露了一種工作於 915MHz 頻帶的平面式天線，這種天線的成份包括一個 L 型平面式共振器、一個供應腳位，以及一個放置於共振器其中一端的接地腳位。美國專利編號第 5,929,813 號揭露了一種工作於頻率範圍 824MHz 至 894MHz 的天線，而且是由一個具導電性材質的薄板建構而成。當以上所描述的天線都在它們各自預期的目的上使用，那麼它們很難被整合到一個可攜式裝置之中，像是在蜂巢式頻率和藍芽頻率中都能工作的通訊裝置。

提供一種小尺寸的天線，對於整合它到一個小尺寸的電子裝置中是可取的，其中小尺寸的電子裝置如行動裝置、通訊器，以及能以藍芽頻率和其他無線頻率中連結的微型音頻耳機。

4. 發明的總結

根據本發明所呈現的射頻（RF）天線，包含了一個由具導電性的電子材質在傳送或接收電磁波時所產生的非平面式共振區。在一個非平面式的架構中，共振區至少重疊了位在不同平面的兩個部分所構成天線的主要輻射面。這點與一個平面式架構相比起來，其天線的主要輻射面是位在大致相同的平面上。由於主要輻射面被摺疊成各個小部分，所以大幅地減少了天線的尺寸，使得天線能被整合在行動電話、通訊器，或其他小型的電子裝置中。

在免費空間中，該共振區有一個電長度大致相等於其他同行波長的四分之一。要使用工作頻率大約在 2.45GHz 的藍芽裝置來做無線電通訊線

路，該輻射元件的電長度大約在 30 毫米。然而依據圍繞在輻射元件周圍材質的相對介電係數，輻射元件實際的電長度是大約爲 21 毫米。

該天線也包含了一個連接到共振區作阻抗匹配的供應區，其中包含了一個位於共振區其中一端的供應腳位和接地腳位。當共振區被用來傳送或接收帶有通訊信號或訊息的電磁波時，在共振區的供應點加入的供應腳位，適合作爲在裝置的共振區和 RF 處理元件之間的訊號導管。而在共振區的供應點加入的接地腳位，被用來匹配天線 50Ω 的輸入阻抗。

該天線是與安裝在塑膠板上的共振區一起被鑲嵌在印刷電路板（PCB）上。在一支行動電話或一台通訊器中，最好是將天線鑲嵌在鄰近底部連結器腳位的系統連結器上。該接地腳位和供應腳位可以放置於共振區延長的部分，但仍是屬於 PCB 板上電路的一部分。

三、U.S. Patent 6,603,431 Mobile station and antenna arrangement in mobile station [17]

發明人：

Talvitie, Olli (Tampere, FI)

Lahti, Saku (Kämmenniemi, FI)

申請號：

09/939313

出版日期：

08/05/2003

申請日：

08/24/2001

1.摘要

一個行動終端（mobile station）和一種行動終端的天線配置構成了一

條整合式天線，一個天線的地平面和一個天線延伸元件能夠使天線固定在離地面特定高度的位置。該天線、天線的地平面和天線延伸元件所配置的位置，都與行動終端的擴音機共用同一平面。該天線的高度大約比背蓋至電路板之間的空間再高出一些。

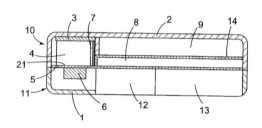

Fig. 1 將天線置於行動裝置中的示意圖

2.有關於此專利被侵害的條款，以下將詳細說明：

a. Claim 1：一個擁有整合式天線的行動終端，其中整合式天線包括一個天線的地平面和一個天線延伸元件，使天線能夠固定在離地面特定高度的位置。其中所述的行動終端包括：一個從前蓋到背蓋之間的空間稱為整體空間；一個組合天線的空間為整體空間的一部分，其中所述的天線組合為鑲嵌的，以及所述的空間為從前蓋到背蓋之間的空間；一個主要電路板的空間是為整體空間扣除天線組合的空間之後的部分，其中一個主要的印刷電路板是鑲嵌在先前判斷過高於背蓋的位置；以及，其中所述的行動終端的擴音機也是鑲嵌在天線組合的空間，且所述的印刷電路板不會擴大到天線組合的空間。

b. Claim 2：根據 Claim 1 所述的行動終端，其中天線組合空間的配置構成了擴音機的共鳴聲。

c. Claim 3：根據 Claim 1 所述的行動終端，其中天線的型態是 PIFA。

d. Claim 4：根據 Claim 1 所述的行動終端，其中導體和電子元件是固定

在天線延伸元件。

e. Claim 5：根據 Claim 1 所述的行動終端，其中天線電路板是配置在天線組合空間之中。

f. Claim 6：行動終端的天線配置構成了一條整合式天線、一個天線的地平面和一個天線提升的部分，使天線能夠固定在離地面特定高度的位置，其中天線配置是與行動終端的擴音機分配在同一空間，以及電路板是鑲嵌在行動終端之中，使它不會延伸到其他空間。

g. Claim 7：根據 Claim 6 所述的天線配置，其中該天線配置是以組合的方式作配置。

3.介紹

①*發明的領域*

　　本發明涉及的行動終端包括整合式天線、一個天線的地平面和一個天線延伸元件，使天線能夠固定在離地面特定高度的位置。

　　本發明還涉及到行動終端的天線安排，其中包括整合式天線、一個天線的地平面和一個天線延伸元件，使天線能夠固定在離地面正確距離的位置。

　　本發明涉及無線行動終端，像是行動電話、通訊器和對應的行動終端，尤其是包括了整合式天線的行動終端。

②*發明背景*

　　隨著電子和通訊技術的發展，行動終端的尺寸和重量也隨之減少，也因為這樣，使行動終端越來越適合在日常生活中隨身攜帶。整合式天線取代了行動終端的外部天線，從而提高了易用性。一條整合式天線被置於一個行動終端的覆蓋範圍內，因此不會妨礙到電話的處理。大家都知道一條突出的天線很容易卡在衣服上，例如一條整合式天線受到機殼良好的保

護，使之受到的外部壓力、衝撞或諸如此類的影響減小，也因為這樣使整合式天線不會像外部天線一樣容易斷裂。此外天線技術已經發展到能使整合式天線的特性充分發揮的程度。這裡所指的行動終端是有關行動電話、通訊器和其他通訊裝置。

一條整合式天線的基本形狀通常是細長的，以及擁有寬廣面積的平面式結構，也就是眾所皆知的平面式天線。這種天線型態的優點是輕、薄、安裝方便、適合量產，以及生產成本低。一條平面式天線能相當簡單的產生一種雙頻率的天線；介面電路及排線能在生產天線時同時產生。

在平面式天線（以下稱為 "天線" ）與地平面之間有一個天線延伸元件，使天線能夠固定在離地面特定高度的位置。該天線延伸元件通常廣泛地作為低損耗的元件。天線越高，亦即在天線和地平面之間有更多的空氣空間，以實現更廣泛的阻抗頻帶和輻射效率。在放大倍率中，高度的重要性是比點頻率還低，但由於擴大了阻抗頻帶，使天線降低了在所需頻帶上的放大倍率。當然還有其他材料比空氣更常出現在一條天線和該地平面間，但由於會損失其自由度和輕巧的重量，使的在此應用中盡可能的將結構擴大是有幫助的。天線最常被安置在行動終端的背蓋和電路板之間的空間，以及它的最大高度是根據該空間的高度。因此，當減少了行動終端的厚度，天線的高度也會被減少，這就上升了天線的共振頻率和天線性能的損害。增加天線中平面部分的尺寸可以彌補天線高度的降低，但是行動終端的寬度或長度就必須被增加，這對於意圖減少行動終端的外部尺寸是自然矛盾的。

3.發明的總結

本發明中行動終端的特點是在該天線、該天線的地平面，以及一個與行動終端的擴音機共享同一空間的天線延伸元件，而且該天線大約高於在

行動終端的背蓋和電路板之間的高度。

　　本發明中天線配置的特點是將天線置於行動終端的擴音機所在的空間中，而且該天線也大約高於在行動終端的背蓋和電路板之間的高度。

　　本發明的基本理念是將天線使用的空間和行動終端的擴音機組合在一起，以及該天線是高於在行動終端的背蓋和電路板之間的高度。此外首要實現方案是將擴音機的回聲聚合到包含天線延伸元件的空間。次要實現方案是將該擴音機的位置盡可能的靠近裝置的前蓋。第三實現方案是將該天線電路板也放置在該空間中。第四實現方案說明該天線是屬於平面式倒 F 天線（PIFA）。第五實現方案說明電子元件的電路是經由 MID（Moulded Interconnect Device）方法所製成，且牢牢固定在天線延伸元件上。第六實現方案是說明該組合模組是由該天線、該天線上身元件與該擴音機所組成。

　　本發明的優點是該天線的高度不會僅限於背蓋與電路板之間的高度，但大致相等於前蓋至後蓋之間可以被平面式天線利用的高度，據此，擁有最大效能的整合式天線可以凸出到行動裝置的外部。此外該擴音器的回聲在行動終端外部盡可能越大越好，且它的頻率特性會越好。天線電路板所使用的空間也允許放置其他電子元件，這也就提升了空間的使用率。當排線和元件都牢牢固定在天線延伸元件上時，不需要分離電路板，且這也減少了裝置的外部尺寸和重量，進一步地簡化了行動終端的結構和製品。一個組合模組加快了行動終端的組合過程，因此降低了產品的製造成本。

4.定位專利的部分

　　在這一章中，我們將介紹剩下的專利侵權及該專利的主要技術或方法。這項專利是關於設計使用定位數據的應用，而本專利的詳細信息如下表所示。

表 5-6　定位專利的相關訊息

專利名稱	Method and Device for Position Determination [18]
專利編號	U.S. Patent Nos. 7,558,696
發明人	Matti Vilppula, Pirkkala (FI); Arto Mattila, Lempäälä (FI); Markku Niemi, Tampere (FI)
出版日期	12/03/2009
申報日期	06/02/2009
受讓人	Nokia Corporation (Espoo, FI)

　　這項專利有關於爲移動設備上運行的應用程式獲取位置資料提供一個集中的介面。這意味著，允許應用程式開發人員都可以利用現有的定位能力而無需爲其應用程式編寫更多的程式碼。應用程序的可用性與定位能力提供一個更好的使用者體驗。

　　圖 1 是說明本發明的一定位方法的選擇設備 PMSD（100）的方塊圖。舉例來說，圖中的 101 和 102 爲兩個不同的應用程式，另外還有三個不同的定位方法被提及；應注意的是，應用程式和定位方法的數量是不侷限於前面提及的數量。應用程式 101 和 102 通過 PMSD 要求是定位資料，而 PMSD 進一步使用從定位方法 103 到 105 收到的資訊來形成定位資料給使用者。使用者可以經由使用者介面 106 到 108（輸入設備和顯示器）定義有關的參數給定位任務和定位方法。而這些參數儲存在同一個暫存器 118。

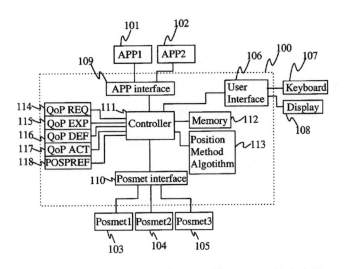

圖 1　根據本發明的一個定位方法選擇裝置 PMSD 的方塊圖。

　　應用程式 101 和 102 通過介面 109 連接到 PMSD 設備，向 PMSD 要求定位資料。應用程式 101 和 102 的可以定義有關的定位資料要求，例如說要求定位的精確性或類型和定位數據的格式。

　　定位方法 103 到 105 通過介面 110 連接到 PMSD。該介面接口 110 可以包含序列埠或類似外部定位方法的連接，以及定位方法集中在一個終端機的接口和由行動通信網路所提供的定位相關的服務。

　　控制方法 111 到 113 用來控制在 PMSD 的各種功能塊的運作，以及它們之間的資料傳輸。控制方法包括一個控制器 111，可以為一個微處理器或是相同能夠控制 PMSD 功能的方法。控制方法進一步的包括隨機存取記憶體（RAM）112；以及一個永久記憶體（ROM）113 用於存儲的 PMSD 功能控制所需的指令。

　　描述定位數據品質（定位品質，QoP）的參數，像是由應用程式 n 要求的定位精準度，而所要求的定位精準度儲存在暫存器 114，其中 n 表示目前使用的應用程式數量，是介於 1 到應用程式的最大數量之間的一個整數。另外，參數可以直接自動地從每個應用程式接收，而這取決於應用

程式或安裝在終端機的應用程式的運行狀態。

描述由定位方法 x 提供的定位方法的定位數據品質的參數，是存儲在暫存器 115，其中 x 表示目前使用中的定位方法，是介於 1 到可用的定位方法的數量之間的一個整數。 此參數表示一個期望值，根據應用程式可以期望 PMSD 提供它資料。相同的，該參數可以自動直接從每個定位的方法提供，例如：在給定的時間間隔進行更新或採用特定的定位時。

描述由定位方法 x 所提供的定位數據的品質參數的預設值儲存在暫存器 116。在 PMSD 可以在給定的時間間隔中得到描述來自定位方法的定位數據品質參數或者是持續的監視。目前情況並且需要時更新預設值。預設值是一個根據該定位方法，能夠提供定位數據給 PMSD 的參數值。

當定位方法回傳應用程式 n 所要求的定位數據給 PMSD 時，描述由定位方法 x 所提供的定位數據實際達到的品質的參數值，儲存在暫存器 117。

除了圖一所示的例子，該定位方法選擇設備也可以實現為一個電腦程式，在這種情況下，該設備的功能方塊圖是實現作為程式碼。

圖二說明了當使用該發明的定位方法選擇器時，定位方法和應用程式之間的互動。舉例來說，現在有兩個不同的應用程式 201 和 202（例如WAP 瀏覽器，導航指南），但其他可能的應用程式也可以同時間使用。然後現在有不同定位方法 205 到 209（例如：GPS, E-OTD 系統），以及使用者定義定位相關的參數的使用者介面 203。提供使用者可以輸入定位數據，例如街道位址、地理座標（例如經緯度）等等的選項，或其他類似直接通過使用者介面或從一個資料庫去存取定位數據，例如名片或 POI資料庫。

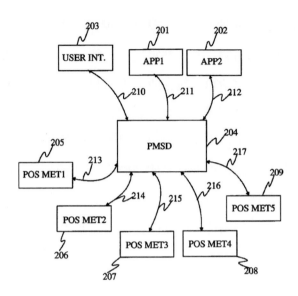

圖 2　定位方法和應用程式之間的互相作用

　　PMSD（204）接收來自應用程式 201 和 202 定位的請求，並將從定位方法 205 到 209 所提供的數據 205 到 209 或由使用者通過使用者介面 203 的資料形成定位請求的回應。PMSD 也可以接收關於定位請求的定位精確度的資訊，以及和由應用程式請求的定位數據請求的類型和格式的資訊。當特定的應用程式需要定位資料時，定位的請求和有關定位任務的參數可被 PMSD 一次性的方式接收，或可在一個序列中連續接收。這種情況例如是如果應用程序要求目的是提供用戶更新估計使用者的位置當使用者移動到各處。

　　PMSD 204 也負責監測當時的條件下的各種定位方法 205 到 209，並總是使用最合適的定位方法獲取定位資料。當接收到從應用程式重複或連續的定位數據請求，PMSD 可以選擇適當的定位方法，當它一開始收到定位的請求時，並使用該方法，以提供從同一應用程式的後續請求回應定位資料，直到請求的序列結束為止。在這發明的另外的體現，PMSD 使利用其監測能力來為每個請求的序列選擇最佳的定位方法。

如果是從外部到終端的定位方法也可使用，例如汽車內的 GPS 接收器，PMSD 經由添加有關這些外部定位方法到一個清單中來註冊可能使用的外部定位方法，而這清單中包含所有可用的定位方法。這個清單可以由用戶自己所定義的偏好清單，例如以新的定位方法設置爲首選的定位方法。相同地，當外部定位方法利用由終端機和外部定位方法中止連線來移除時，PMSD 將刪除該定位方法，例如從可用的定位方法清單中刪除上面所說的定位方法數據。

在該項發明的一個體現，PMSD 進一步能兼顧爲了實現特定的應用程式所要求的定位品質來結合多個定位方法所提供的定位資料。 例如這可能連續接受從多個定位方法的定位資料，並以適當的方式來結合數據以實現所需的定位品質。

在另外的體現，PMSD 可訪問以前所存取的任何適當的定位方法的定位資料並將新收到定位資料一起結合起來。在此的體現它是有利與每個定位的請求相關聯的一個時間戳記，使最近獲得的定位結果可以選擇組合。對於定位的資料有效期也可定義，有效期過期後，該儲存的定位資料會被刪除。

使用者可以直接經由使用者介面 203 自行定義有關定位決定給 PMSD 204，而不用分別的對定位方法 205 到 209 來下定義。使用者可以定義準確性從應用程式 201 和 202 接收定位資料或定位方法 205 到 209 使用者較喜歡的使用作爲首選定位方法。 取決於使用的應用程式，有關位置確定的參數也可以自動從應用程序的要求提供。到目前爲止，上述的應用程式是能夠做這一點。通過這種方式，應用程式 201 和 202 的工作只是簡單從 PMSD 204 要求定位數據。這意味著他們不一定需要可用於在 PMSD 中的定位系統 205 到 209 的操作資訊或可能在將來實現中的其他任何

的定位系統有關操作的任何資訊。當定位方法的管理由使用者或直接對
PMSD 動作的應用程式利用集中的方式實現，而不是以分散的方式分別爲
每個定位的方法，這樣可以減少應用程式的負載，一些能力可以轉移到其
他應用程式的功能。 在某些情況下，仍可有利於讓特定的應用程序來選
擇或直接使用定位方法。

　　因此，該項發明的體現，它可能會對於任何應用程式覆蓋或禁用
PMSD 的操作，並且使用任何可用的任何定位方法，像是現在已知的方
式。

定位專利所侵犯的條款

　　Apple 公司已經侵犯而且仍持續在侵犯這篇專利，行爲包含未經授權
在美國地區製造、使用、兜售和販售，而這些產品和設備包含無線通訊設
備，像是 Apple iPhone 3G、Apple iPhone 3GS 和 Apple iPad 3G，Nokia 指
出 Apple 侵犯一個或更多這定位專利的權利條款，包含至少條款 1, 3-4, 9,
11-14, 16, and 18-19.
有關於這定位專利被侵害的條款下面將詳細說明：

a.　Claim 1：一個方法包括：在一個定位的方法選擇裝置接收至少一個請
　　求定位資料；接收至少一個請求中的至少一個品質參數，其中至少一
　　個品質參數定義了一個期望的精確度、類型或要求定位資料的格式；
　　包含至少有一個比較優質的質量參數值預期爲每一個或多個可用的定
　　位方法；從一個或更多可用的定位方法中選擇一個定位的方法擁有最
　　接近至少一個品質參數的預期值來提供定位資料的請求；和接收定位
　　資料的請求，連同至少一個值，該值表示接收到的定位數據的確切
　　值，其中品質是一個精確度、類型或接收到的定位數據的格式；使用
　　該值來更新由選擇註冊在設備中的定位方法所提供的定位數據期望的

品質數值；並把接收到的定位數據傳送到一個請求的應用程式之中。

b. Claim 2：一種方法包括收到的第一個終端機定位的要求從第一個應用程式駐留的移動終端機；收到的第二個終端機定位的要求從第二個應用程式駐留的移動終端機；並在多個定位方案中選擇一個定位方案並根據第一個應用程序或第二個應用程式的準則來確定位置。

c. Claim 3：根據 Claim 2 的方法，其中該準則是從第二次申請指定由第一個應用程序被應用處理第二個請求。

d. Claim 4：根據 Claim 2 的方法，其中該準則是指定順序有關的優先選擇的定位方案、定位方案的定位數據品質、定位精確度、定位的可靠性、定位數據被更新的時間間隔、定位方案的花費，或是這些準則的組合。

e. Claim 8：根據 Claim 6 的方法，進一步包含: 由第一個應用程式或的二個應用程式使用的從定位方案中所結合的定位數據。

f. Claim 9：根據 Claim 8 的方法，進一步包含: 結合定位數據在一個特殊格式經由一個特殊的應用程式。

g. Claim 11：一個裝置包含至少一個處理器；至少一個記憶體包含電腦程式碼，而該記憶體和電腦程式碼至少配置一處理器，使該裝置可以進行下面至少一樣動作：接收的第一個終端機定位的要求從第一個應用程式駐留的移動終端機；收到的第二個終端機定位的要求從第二個應用程式駐留的移動終端機；並在多個定位方案中選擇一個定位方案並根據第一個應用程序或第二個應用程式的準則來確定位置。

h. Claim 12：一個裝置根據 Claim 11，其中該準則是從第二次申請指定由第一個應用程序被應用處理第二個請求。

i. Claim 13：一個裝置根據 Claim 11，其中該準則是指定順序有關的優

先選擇的定位方案、定位方案的定位數據品質、定位精確度、定位的可靠性、定位數據被更新的時間間隔、定位方案的花費，或是這些準則的組合。

j. Claim 14：一個裝置根據 Claim 11，其中該裝置進一步地能夠接收從選定的定位方案中的定位數據，並確定定位數據是否滿足標準。

k. Claim 15：一個裝置根據 Claim 11，其中該裝置進一步能夠選擇另一種定位方案以確定位置；並接收從選定的定位方案中的定位數據，確定定位數據是否滿足標準。

l. Claim 16：一個裝置根據 Claim 15，其中該裝置進一步如果當定位數據不符合標準能夠產生通知。

m. Claim 17：一個裝置根據 Claim 15，其中該裝置進一步由第一個應用程式或的二個應用程式使用的從定位方案中所結合的定位數據。

n. Claim 18：一個裝置根據 Claim 17，其中該裝置進一步結合定位數據在一個特殊格式經由一個特殊的應用程式。

o. Claim 19：一個裝置根據 Claim 11，其中該準則是由第一個應用程式所指定，且其他準則是由第二個應用程式所指定，且該裝置進一步能夠確定定位數據是否滿足準則；並轉發給第一個應用程式如果他的準則是滿足的，同樣的，會轉發給第二個應用程式如果他的準則是滿足的。

5.相關法律

在這一章中，我們將介紹這篇訴訟中一些相關的美國專利法。

這是一個在美國專利法下的訴訟。因此，本法院具有對事管轄權根據 28 U.S.C. §1331 和 1338(a)這兩條法規。

> 28 U.S.C. § 1331. Federal question
>
> 地區法院根據美國憲法、法律或條約應擁有所有民事行為最初的管轄權的。
>
> 28 U.S.C. § 1338. Patents, plant variety protection, copyrights, mask works, designs, trademarks, and unfair competition
>
> (a) 地區法院對於國會制定的有關於專利、新品種植物保護、版權及商標擁有最初的管轄權。這種管轄權須包括在專利、新品種植物保護和版權的情況下的州立法院。

該法院有 Apple 個人的管轄權，因爲 Apple 已經和法院有建立最低限度的接觸。Apple 在美國威斯康辛州西區生產（直接或間接通過第三方製造商）和／或組裝產品，並已使用、兜售、出售和被購買。Apple 直接或經由自己的分銷網路，放置無線通信設備在商業區。因此，行使管轄權，蘋果也不會得罪傳統觀念的公平和實質公正。

Apple 在該地區開展業務，包括在威斯康辛州西區提供產品的使用、發售、出售和被購買。適當的審判地點是這個地區根據 28 U.S.C. § 1391 (b), (c) 和 1400 (b)。

> 28 U.S.C. § 1391. Venue generally
>
> (b) 其中民事訴訟管轄權在公民權的差異上不完全成立，除了法律另有規定，否則只有在
> (1) 如果所有被告居住在同一州，在任何一個被告所在的司法管轄區，
> (2) 司法區出現了相當重要部分的事件或疏忽引起的索賠，或者，
> (3) 任何被告可能被發現的司法管轄區。
>
> (c) For purposes of venue under this chapter, a defendant that is a corporation shall be deemed to reside in any judicial district in which it is subject to personal jurisdiction at the time the action is commenced. In a State which has more than one judicial district and in which a defendant that is a corporation is subject to personal jurisdiction at the time an action is commenced, such corporation shall be deemed to reside in any district in that State within which its contacts would be sufficient to subject it to personal jurisdiction if that district were a separate State, and, if there is no such district, the corporation shall be deemed to reside in the district within which it has the most significant contacts.
>
> 28 U.S.C. § 1400. Patents and copyrights, mask works, and designs
>
> (b) 任何民事專利訴訟可能由被告居住的地區帶來司法管轄權，或在被告實施侵權的行為和建立定期營業地點。

對於這件控訴，Apple 是蓄意和故意的侵犯所有專利，證明增加賠償的三倍根據 35 U.S.C. § 284。

> 35 U.S.C. §284. Damages
> 一旦原告發現侵權行為，法院將判給原告足以補償侵權的損害陪賞，但被告侵權使用發明的賠償不能夠少於合理的賠償，必須連同利息和固定的成本。
> 當損害沒有被陪審團發現，法院必須加以評估。法院可能增加最高三倍所發現或者評估的損失賠償。
> 法院可能會接受專家的證言作為一種輔助手段，確定損害賠償或是合理的賠償。

　　Apple 在這個訴訟的專利侵權是特殊的，必須支付 Nokia 所有律師費和訴訟費，根據 35 U.S.C. §285。

> 35 U.S.C. §285. Attorney fees
> 在特殊情況下，法院可判給合理的律師費給勝訴方。

6.專利侵權對 Nokia 的傷害

　　由於蘋果的未經授權的使用 Nokia 的專利技術，是不能因為支付賠償金補償的。就以 Apple 所銷售的產品來說，Nokia 和 Apple 在商業上有著直接的競爭。Apple 未經授權使用的 Nokia 專利的技術，其產品在銷售時允許它的收費較低，因為它並不用去回收這些技術開發的成本。這樣也讓 Apple 在市場上佔有份額，且不需要承擔專利技術的花費。這同時也損害 Nokia 的聲譽，由於消費者可能知道該技術是誰發明的，如果這項技術被用在 Apple 的產品中，消費者可能會誤以為是 Apple 的技術，所以多少會造成 Nokia 在發明上的聲譽受到影響。

　　Nokia 的產品必須承擔訴訟中所描述的專利技術的發展的成本。Apple 的侵權造成 Nokia 積極良好的創新聲譽受到影響。這使的 Nokia 因為蘋果的未經授權的使用處在競爭的劣勢。

　　即使當 Apple 要求對過去的侵權付出賠償，但是它仍然享有未經授權使用期間的市場份額。而同樣的，Nokia 在 Apple 未經授權使用的其間也失去市場份額。Apple 對於市民的看法仍有受惠，因為它納入 Nokia 技術在它的產品內，而 Nokia 仍同樣會危害其創新的聲譽。由於要預測是否就

所有這類市場份額可以恢復，並恢復這種聲譽，這是困難的，Nokia 的傷害是不能用支付賠償金就能補償的。

四、訴訟請求和審判結果

1.訴訟請求

Nokia 的訴訟請求和想要法院對 Apple 的判決如下說明：

a. 判決 Apple 已經且持續直接的或間接的侵權專利。

b. 判決這些被侵權的專利並非無效的且可強制執行。

c. 爲防止進一步的侵權，對 Apple 下初步的禁令和永久禁令，包括其代理人、附屬公司、子公司、部門、員工、事務員和其他與 Apple 有互相關係的。

d. 判決賠償損害以及法律允許的所有利息。

e. 根據 35 U.S.C. §284 增加損害賠償到可用程度。

f. 根據 35 U.S.C. §285，必須付 Nokia 這次訴訟的律師費或者其他法律允許的費用。

g. 負擔這次訴訟所有費用。

h. 其他法院認爲公正和恰當的進一步的判決。

2.審判結果

該案件目前還在審理階段，所以還沒有一個審判結果，但是 Nokia 和 Apple 的戰火仍持續燃燒中。雙方戰火進入第七回合，在 2010 年的 12 月 16 日，Nokia 又再度對 Apple 提出多達 13 項的專利侵權。而這次的訴訟內容和以往差不多，主要包含使用者的觸控介面（人機介面，HCI）、手機系統上的應用程式商店（Nokia 的 Ovi 和 Apple 的 AppStore）、顯示器亮度的控制和訊號雜訊抑制，同時也包含手機的硬體電路設計和手機的天線設計，而針對的產品也是 Apple 的 Apple iPhone、Apple iPad、Apple iPod 和 Apple iPod Touch.

五、參考文獻

1. Nokia (http://www.nokia.com)

2. http://en.wikipedia.org/wiki/Apple_Inc.

3. http://www.theapplemuseum.com/index.php?id=43

4. http://en.wikipedia.org/wiki/History_of_Apple_Inc.

5. http://www.mobilemarketer.com/cms/news/legal-privacy/6199.html

6. http://www.google.com/patents?id=l1MLAAAAEBAJ&printsec=abstract&zoom=4#v=onepage&q&f=false

7. Johnson, Alan (Camberley, GB), Modro, Joseph (Hants, GB), "Antenna having a feed and a shorting post connected between reference plane and planar conductor interacting to form a transmission line", 2001.

8. Lahti, Saku (Tampere, FI), "Radio frequency antenna", 2002.

9. Talvitie, Olli (Tampere, FI), Lahti, Saku (Kämmenniemi, FI), "Mobile station and antenna arrangement in mobile station", 2003.

10.科技產業資訊室－手機大廠專利訴訟之爭，諾基亞再戰蘋果.(http://cdnet.stpi.org.tw/techroom/pclass/2010/pclass_10_A079.htm)

11.科技產業資訊室－諾基亞再戰蘋果，訴訟戰延燒至歐洲.(http://cdnet.stpi.org.tw/techroom/pclass/2010/pclass_10_A348.htm)

12.Vilppula, Matti (Lempäälä, FI), Mattila, Arto (Lempaala, FI), Niemi, Markku T. (Kangasala, FI), "Method and Device for Position Determination", 2009.

Cornell University Law School, U.S. Code

(http://www.law.cornell.edu/U.S.C.ode/)

附錄 A

美國專利　　　專利編號 **4859268**　專利日期：**1989/08/22**

[54]　導電成分的使用方法

[75]　發明者：Charles A. Joseph, Candor； James R. Petrozello, Endicott, both of N.Y

[73]　受託人：International Business Machines Corporation, Armonk, N.Y.

[21]　申請編號：199,875

[22]　申請日期：1988/05/27

美國申請的相關資料

[62]　Division of Ser. No. 832,195, Feb. 24, 1986 Pat. No.

[51]　Int. Cl.4...B32B 31/28

[52]　U.S. Cl.156/275.5； 156/275.7； 156/330； 252/513； 252/514； 428/414； 428/415； 428/416； 523/457； 523/458

[58]　Field of Search...156/275.5, 275.7, 272.4,156/330； 252/512, 513, 513； 428/414, 415, 416, 402, 403, 406, 407； 523/457, 458, 459

[56]　引用的資料

美國專利文件

4,410,457 10/1983 Fujimura et al 252/508

4,442,966 04/1984 Jourdain et al. 228/123

4,624,798 11/1986 Gindrup et al. 252/65.54

4,624,865 11/1986 Gindrup et al. 427/126.2

4,732,702 03/1988 Yamazaki et al. .... 523/457 X

4,747,966 05/1988 Maeno et al. .... 523/458 X

4,786,437 11/1988 Ehrreich .... 523/458 X

4,797,508 01/1989 Chant .... 428/416 X

4,811,081 03/1989 Lyden 357/80

外國的專利文件

0162979 12/1985 European Pat. Off.

2546568 04/1977 Fed. Rep. of Germany

3140348 08/1982 Fed. Rep. of Germany

3217723 12/1982 Fed. Rep. of Germany

專利審查員：Robert A. Dawson

助理審查員：James J. Engel

代理人，代理公司：Pollock, Vande Sande & Priddy

摘要（**Abstract**）

　　從白金、鈀和黃金選擇的一種材料，其表面上含有感光的環氧聚合物、反應性可塑劑和導電微粒的導電成分。該成分被用來提供支持基體和半導體之間易適應的導電聯結。

使用導電成分的方法
（Method of Using Electrically conductive composition）

發明領域（FIELD OF THE INVENTION）

本發明呈現了有關感光的導電環氧聚合物和提供支持電路板與半導體之間固定的導電接縫。發明所呈現的環氧成分包含了導電微粒和易與環氧聚合物起反應的可塑劑。

技術背景（BACKGROUND ART）

在配置整合電路模型時，像是矽晶片或多矽晶片的整合電路半導體晶片是附在或結合在所需電路的電路板（substrate）上，目前半導體晶片是利用不同的焊料結合在電路板上。關於焊料使用的議題主要專注在焊料接合時，經由溫度循環而造成的爆裂和大氣汙染物的腐蝕。雖然使用密封劑來使晶片和接縫密封以隔絕大氣，已經減少了爆裂的問題，但是因溫度循環疲勞（因為溫度變化而擴張或收縮），而爆裂的情況仍然有可能會發生。焊接的接縫是硬式的，而且大部分在焊接接縫發生擴張和收縮的情況，與大部分因為溫度循環而在晶片和/或電路板上發生擴張和收縮的情況不同。此外，因為溫度循環造成半導體和電路板之間不同程度的擴張和收縮，會使壓力施加在焊接的接縫上。

發明總結（SUMMARY OF THE INVENTION）

該發明是呈現關於導電的成分，該成分包含：(a) 感光環氧聚合物的重量大約 15% 至 65%、(b) 可塑劑的重量大約 1% 至 15%、和 (c) 導電微粒的重量大約 25% 至 80%，上述 (a)、(b) 和 (c) 所表示的數值百分比是依據成分中 (a)、(b) 和 (c) 的總重量，其中所使用的可塑劑容易與環氧聚合

物起反應。這些導電微粒能在白金、鈀金合金或其混合物的表面上導電，也因此導電微粒是為球形的形狀。

　　此外，發明還呈現了關於組成電路板和半導體的產品，其中該電路板和半導體是由上述所定義的導電成分結合在一起。

　　發明所要呈現另一個的觀點，是有關使用至少一種半導體或電路板的導電成分，將半導體黏合在電路板上的方法。該電路板和半導體的導電成分置於它們之間，而且導電成分會硬化，形成所需要的接合。

發展發明最佳和不同的模式

　　導電成分黏接的方法是根據發明所呈現的方式來使用，而且導電成分是黏合在半導體和電路板之間。鑑於該成分的適應性，使之在電路板和半導體之間接合或結合時，因為溫度循環造成的爆炸是顯著的減少，但不會完全消除。該成分提供在半導體與電路板之間，不協調的發生擴張與收縮，也因此消除了連結接縫時的爆炸與失敗。此外，因為發明所呈現的特定成分，實際上形成了它所擁有的密封保護和它的化學惰性，所以當在晶片接縫上焊接時，可能就不再需要密封膠和晶片上的塗層。這點是重要的改進，因為假設晶片接縫點的數量增加，要在所有接縫點塗上完整的塗層是相當困難的一件事。

　　發明中呈現的感光環氧聚合物（photosensitive epoxy polymer）成分包括不飽和的乙稀環氧聚合物，像是單乙稀酸和環仰起反應的產物。該單稀類不飽和羧酸（monoethylenically unsaturated carboxylic acid）是屬於 α 和 β 型稀化不飽和羧酸，且在該領域中是眾所皆知的。像這種酸的例子有丙稀酸（acrylic acid）、甲基丙稀酸（methacrylic acid）、巴豆酸（crotonic acid）。先與羧酸起反應的環氧聚合物可以作為任何不同型態的環氧聚合物。舉例來說，這就是更好的雙酚 A 型環氧樹脂（bisphenol

A-diglycidyl ether）像是雙酚丙稀環氧聚合物（bisphenol a-epichlorohydrin epoxy polymer），該氧化物的通式爲：

型態可以根據分子重量改變爲液態或固態，其中分子重量的範圍落在大約 3×10^2 到 3×10^4 之間。上述方程式的 n 大約在 0.2 到 100 之間改變，而更好的範圍是在大約 0.2 到 0.25 之間，最佳是爲 10。

其他可被利用的環氧聚合物爲環氧基酚，其方程式爲：

其他可行的環氧聚合物，可以是具有化學式##STR2##的環氧型酚醛清漆。根據其分子量的大小，這種環氧聚合物可以是液體、半固體、或是固體。n 爲 1.5 到 3.5 的環氧聚合物是商業上可獲得的而且較爲適合的。不同分子量或是不同種類的環氧化物混合物也可以使用。

相對量不飽和酸的 monoethylenically 環氧聚合物，如反應劑量比從大約 25 到 100% 的環氧功能的聚合物，最好約 25 至 75% 的環氧功能。

預反應產物被認爲是由以下反應式的額外產物：

$$-COOH + CH_2 \overset{O}{\diagdown} CH- \longrightarrow -COO-CH_2-\overset{OH}{\underset{}{C}H-$$

這種材料是眾所周知且市場上可獲得的。例如一個類似的材料可從恩格爾伍德，新澤西州的 Master bond 公司根據商品指定紫外線-15 製成的一種環氧氯丙烷，雙酚 A 的摻和物，具有分子量約 16000 至 20000 左右，而且環氧值大約在 0.48 至 0.52 百克的同等重量約 192 至 208 左右的環氧化物。

本發明的物質組成大約包含光敏性環氧聚合物重量百分率 15% 至 65%，最好是在 35% 到 45% 之間。這個比例是根據總光敏性環氧聚合物用量、增塑劑用量，以及導電性粒子的相對數量計算而得。

此外，本發明作品包括可以與環氧聚合物組成產生反應的增塑劑。適當的增塑劑包括環氧醚、環氧酯、醚二醇二環氧丙醚、二醇二環氧丙醚酯、烯烴氧化物、聚亞烷基二醇和／或聚醚二醇。如果需要的話，增塑劑可以採用混合物。

在聚亞烷基二醇或聚醚二醇可以表示為化學式：

$$HO-R-O-[-R-O-]_n--R-OH$$

其中 R 是飽和脂肪烴的二價基組選自乙烯、丙烯、丁烯及混合物。這些群體可以是直線或分支鏈。

一些具體的例子包括聚乙二醇乙二醇、聚丙二醇、聚乙二醇。首選的就是乙二醇聚乙烯乙二醇，最好有分子量大約 7000 至約 10000。這種聚乙二醇可以從 Ciba-Geigy 公司的貿易編號聚乙二醇 DY-040 取得。

一些具體的例子包括縮水甘油醚環氧酯醚和烯丙基縮水甘油醚和烷基和芳醚和縮水環氧酯，如丁基縮水甘油醚；甲酚縮水甘油醚，環氧丙烯酸

甲酯；和苯基縮水甘油醚。一個特別的烯烴氧化苯乙烯氧化物。

反應性增塑劑的使用量約 1 至 5% 的重量百分率，最好約 1 至約 10% 的重量百分率。這些百分比是根據全部的感光元件無增塑劑環氧聚合物和導電顆粒的成分組成計算而得。

此外，本發明的成分必須包括導電粒子。外表面的顆粒必須導電，必須從本集團的鉑、鈀、黃金或混合物或上述的合金。

此外，該粒子必須是球形。這一點在整個發明裡至關重要，這是因為球形的粒子相對於傳統的葉形或是片狀可以提供較高的導電度。

另外，導電粒子的外表面至少有鉑、鈀、黃金、混合物或合金。本發明的首選是採用中空的微球形粒子並完全是金屬。然而，其中由鉑、鈀和／或金塗層於粒子外塗層也是可以採用的。此外，雖然空心粒子最好是固體，這些粒子通常直徑約 0.0001 英吋至 0.0008 英吋，最好約 0.0003 英吋至 0.0005 英吋。典型的球形微粒可由 SEL-REX 公司獲得。

該發明的導電粒子大約佔了 25 至 85% 的重量百分率，最好約 35 至 60% 的重量百分率。這些百分比是根據全部的感光元件無增塑劑環氧聚合物和導電粒子組成計算而得。

本發明的首選是不具光敏感性的環氧聚合物。

這就是最好的，但是非必要，採用同一類型的環氧聚合物用於與羧酸反應提供光敏性環氧組成成分。首選的環氧聚合物是那些由雙酚 A-環氧氯丙烷。其中一個例子是從 Ciba-Geigy 6010 Aralite，其平均分子量約為 350 至 400 人左右，約相當於環氧值 185 至 200，25℃時黏度約 10000 至 16000 厘泊。

當一非光敏性環氧化物被使用時，它也應當包括酸酐固化劑和環氧樹脂固化促進的促進劑。通常在非光敏性環氧化物裡，酸酐所佔的重量比大

約是非光敏性環氧化物 1/2 的重量。

四氫酸酐、均苯四酸酐和 nadic 甲基鄰苯二甲酸酐等都是常用的酸酐硬化酸例子。

其他可行的環氧聚合物，例如環氧型酚醛清漆。根據其分子量的大小，這種環氧聚合物可以是液體、半固體、或是固體。n 為 1.5 到 3.5 的環氧聚合物是商業上可獲得的而且較為適合的。不同分子量或是不同種類的環氧化物混合物也可以使用。

相對量不飽和酸的 monoethylenically 環氧聚合物，如反應劑量比從大約 25 到 100% 的環氧功能的聚合物，最好約 25 至 75% 的環氧功能。

預先反應產物被認為是由以下反應式的額外產物：

這種材料是眾所周知且市場上可獲得的。例如一個類似的材料可從恩格爾伍德，新澤西州的 Master bond 公司根據商品指定紫外線–15 製成的一種環氧氯丙烷，雙酚 A 的摻和物，具有分子量約 16000 至 20000 左右，而且環氧值大約在 0.48 至 0.52 百克的同等重量約 192 至 208 左右的環氧化物。

本發明的物質組成大約包含光敏性環氧聚合物重量百分率 15% 至 65%，最好是在 35% 到 45% 之間。這個比例是根據總光敏性環氧聚合物用量、增塑劑用量，以及導電性粒子的相對數量計算而得。

此外，本發明作品包括可以與環氧聚合物組成產生反應的增塑劑。適當的增塑劑包括環氧醚、環氧酯、醚二醇二環氧丙醚、二醇二環氧丙醚酯、烯烴氧化物、聚亞烷基二醇和／或聚醚二醇。如果需要的話，增塑劑可以採用混合物。

一些具體的例子包括聚乙二醇乙二醇、聚丙二醇、聚乙二醇和 polyoxyethyleneoxypropylene。首選的就是乙二醇聚乙烯乙二醇，最好有分子量大約 7000 至約 10000。這種聚乙二醇可以從 Ciba-Geigy 公司的貿易編號

聚乙二醇 DY-040 取得。

　　一些具體的例子包括縮水甘油醚環氧酯醚和烯丙基縮水甘油醚和烷基和芳醚和縮水環氧酯，如丁基縮水甘油醚；甲酚縮水甘油醚、環氧丙烯酸甲酯；和苯基縮水甘油醚。一個特別的烯烴氧化苯乙烯氧化物。

　　反應性增塑劑的使用量約 1 至 5% 的重量百分率，最好約 1 至約 10% 的重量百分率。這些百分比是根據總的感光元件無增塑劑環氧聚合物和導電顆粒的成分組成計算而得。

　　此外，本發明的成分必須包括導電粒子。外表面的顆粒必須導電，必須從本集團的鉑、鈀、黃金或混合物或上述的合金。

　　此外，該粒子必須是球形。這一點在整個發明裡至關重要，這是因爲球形的粒子相對於傳統的葉形或是片狀可以提供較高的導電度。

　　另外，導電粒子的外表面至少有鉑、鈀、黃金、混合物或合金。本發明的首選是採用中空的微球形粒子並完全是金屬。然而，其中由鉑、鈀和／或金塗層於粒子外塗層也是可以採用的。此外，雖然空心粒子最好是固體，這些粒子通常直徑約 0.0001 英吋至 0.0008 英吋，最好約 0.0003 英吋至 0.0005 英吋。典型的球形微粒可由 SEL-REX 公司獲得。

　　該發明的導電粒子大約佔了 25 至 85% 的重量百分率，最好約 35 至 60% 的重量百分率。這些百分比是根據全部的感光元件無增塑劑環氧聚合物和導電粒子組成計算而得。

　　本發明的首選是不具光敏感性的環氧聚合物。

　　這就是最好的，但是非必要，採用同一類型的環氧聚合物用於與羧酸反應提供光敏性環氧組成成分。首選的環氧聚合物是那些由雙酚 A–環氧氯丙烷。其中一個例子是從 Ciba-Geigy 6010 Aralite，其平均分子量約爲 350 至 400 人左右，約相當於環氧值 185 至 200，25℃時黏度約 10000 至

16000 厘泊。

當一非光敏性環氧化物被使用時，它也應當包括酸酐固化劑和環氧樹脂固化促進的促進劑。通常在非光敏性環氧化物裡，我酸酐所佔的重量比大約是非光敏性環氧化物 1/2 的重量。

四氫酸酐、均苯四酸酐和 nadic 甲基鄰苯二甲酸酐等都是常用的酸酐硬化酸例子。

適當的加速劑包括單聚胺、二聚胺、三聚胺，甚至是多聚胺。路易士酸催化劑例如氟硼酸等錯合物。

這些組成包含 15%-35%，最好 20% 的非光敏性環氧樹脂，依光敏性環氧官能基的重量決定，1% 到 4% 的反應性塑化劑，25% 到 45%，最好是 30% 到 40% 的導電粒子，20%-35%，最好是 20%-30% 的非光敏感性官能基，10%-25%，最好是 10%-20% 的酸酐，0.1%-3% 的加速劑。上述比例是從各成分在光敏感性環氧聚合物內所佔比例而定。

更進一步地，上述組成可以更進一步包含光引發劑或是感光劑。過去的技術裡包含眾多相關的物質。例子包括一些合適的光引發劑取代蒽醌和蒽醌，如烷基取代、鹵素取代蒽醌，包括 2-3- 2 -丁基蒽醌、1 氯蒽醌、對氯蒽醌、2-甲基蒽醌、2-乙基蒽醌……。其他的鹵素光引發劑包括四氯化碳、三溴甲烷……等。

可視需要將光引發劑予以混合。

在操作上，我們需要 0.1%-10%，最好是 0.1% 到 5% 的光引發劑，才能足以與紫外光作用。本發明中使用的半導體物質為單晶矽或是多晶矽，至於其他的三到五族摻和二到四族的半導體也可以用。

該半導體接合的基板最好是陶瓷材料。陶瓷材料指的是地表稀有元素經熱塑造加工而成的物質。最好的材料包括氧化矽或是金屬氧化物如氧化

鋁與矽的摻和物。這樣的陶瓷基板可以提供半導體較好的抗熱應力效果。

根據文章，本發明的最好獲得發明的方法是沉積塗層的導電性成分，本發明適用於半導體及半導體基板結合領域。

該組成亦允許溫度的耐受性，由室溫到 75℃ 高溫，由 30 分鐘到 120 分鐘。

該組成隨後選擇性地接觸紫外光，波長由 300 到 400 奈米，照射時間從 1 到 20 分鐘。這樣將使得組成物產生部分光聚合反應，此外，該鍍膜的部分將與三氯乙烷等有機溶劑接觸，使得未接觸到紫外光的部分可以被洗去，藉此留下我們想要的設計圖樣。

接下來，該鍍膜部分將繼續接受波長 180 到 250 奈米的紫外光，藉此使得鍍膜的部分產生流動性，然後基板與半導體將與中間物質彼此接觸。這樣基板與半導體之間將形成鍵結，而光催化聚合反應的物質將提供為導電性軟性鍵結物質。

底下我們提供一個非唯一的典型配方，以便後續介紹本發明。包含 25.8% 的 uv-15（光敏性環氧物質）、2% 的 BASF 7（反應性塑化劑）、35% 的金微粒，由 SelRex 提供、25% 的 Araldite 6010（環氧物）、12% 的甲基磷酸酐、0.2% 的苯環甲基胺。

一個半導體矽晶片與其相關的陶瓷材料領域；都會鍍上上述之物質。

該組成將會在 50℃，60 分鐘下部分回復。

該組成隨後選擇性地接觸紫外光，波長由 300 到 400 奈米，照射時間從 1 到 20 分鐘。這樣將使得組成物產生部分光聚合反應，此外，該鍍膜的部分將與三氯乙烷等有機溶劑接觸，使得未接觸到紫外光的部分可以被洗去，藉此留下我們想要的設計圖樣。

接下來，該鍍膜部分將繼續接受波長 180 到 250 奈米的紫外光，藉

此使得鍍膜的部分產生流動性，然後基板與半導體將與中間物質彼此接觸。這樣基板與半導體之間將形成鍵結，而光催化聚合反應的物質將提供為導電性軟性鍵結物質。

經由上述的說明，我們需要 Letters 專利保護的發明內容是：

a. Claim 1：一種結合半導體與基板的方法，藉由底下的組成結合半導體與基板：

(1) 約 15%-65% 的光敏性環氧高分子。

(2) 可塑劑與被稱為環氧聚合物的成分，產生反應後的重量大約為 1% 至 15%。

(3) 能在白金、鈀、黃金，或這些成分的混和物的外部表面導電且是為球形的導電微粒，其重量大約為 25% 至 80%。

其中上述 (1)、(2) 和 (3) 中所表示的數值百分比是依據 (1)、(2) 和 (3) 的總重量而定，其中所述的元件能在所述的半導體和電路板之間導電；上述所揭露的元件中，電路板與半導體和電路板之間的導體都帶有紫外線；上述的成分允許硬化來形成所要的接合。

b. Claim 2：根據 Claim 1 所述的環氧聚合物是一種 α 和 β 型稀化不飽和羧酸和 epichlorohydrinbisphenol A 聚合物所反應後的產物。

c. Claim 3：根據 Claim 1 所述的可塑劑是一種聚烯烴基二醇（Polyalkylene glycol）、聚氧化烯烷基二醇（polyoxyalkylene glycol）、或它們的混合物。

d. Claim 4：根據 Claim 1 所述的可塑劑是聚乙二醇（polyethylene glycol）。

e. Claim 5：根據 Claim 1 所述的微粒是中空的。

f. Claim 6：根據 Claim 1 所述的微粒是黃金中空微粒。

g. Claim 7：根據 Claim 1 所述的方法中包含(1)的重量大約 35% 至 45%、(2)的重量大約 1% 至 10%、(3)的重量大約 35% 至 60%。

h. Claim 8：根據 Claim 1 所述的半導體是由矽或多晶矽所組成。

i. Claim 9：根據 Claim 8 所述的電路板是陶瓷電路板（ceramic substrate）。

j. Claim 10：根據 Claim 1 所述的電路板是陶瓷電路板。

k. Claim 11：在 Claim 1 中，包括將成分塗在半導體和電路板之間的方法。

l. Claim 12：根據 Claim 11 所述的成分是暴露在大約 300 至 400 毫微米的紫外線下，在半導體和電路板的部分聚合塗層中匯集。

m. Claim 13：根據 Claim 12 的方法中，更進一步的包含了成分與紫外線的第二次接觸，其時間大約為 180 至 250 毫微秒，以造成元件流動，然後匯集在半導體和電路板上。

美國專利　　專利編號 4,989,114　專利日期：1991/01/29

[54] 使用極性反轉保護法使承擔的電壓壓降減少的橋接電路

[75] 發明者:Sandro Storti, Sesto S. Giovanni； Bruno Murari, Monza；Franco Consiglieri, Piacenza, all of Italy

[73] 受託人: SGS-Thomson Microelectronics s.r.l.,Italy

[21] 申請編號:497,026

[22] 申請日期:1990/03/22

[30] 先前的國外申請資料

Mar. 22, 1989 [IT] Italy 83615 A/89

[51] Int. Cl.^{5}... H02H 3/18

[52]　U.S. Cl. ....361/84； 361/18；307/127；
　　　363/56

[58]　Field of Search .... 361/18,84,91； 302/127；
　　　363/55,56； 318/280

[56]　引用的資料

美國專利文件

4,336,56206/1982Kotowski 361/88

4,654,568 03/1987Mansmann 318/280

專利審查員：Todd E. Deboer

代理人、代理公司：Pollock, Vande Sande & Priddy

摘要（Abstract）

　　在整合橋式電路中，為了以兩個 PNP 電晶體來驅動外部負載和使用兩個升壓型 NPN 功率轉換驅動器，必須對提供極性反轉的保護二極體施加額外的壓降。所有使用接合面隔離（junction-type isolation）技術的單晶整合（monolithically integrated）都大量地被兩個 PNP 射極驅動電晶體的電源正極的直接連接而消除，也就是保護二極體的正極。整合型 PNP 電晶體其本質上會防止受到極性反轉，而且當允許連接時，會減少經過驅動橋接電路的總電壓壓降。使用稽納二極體作為一個保護二極體，以及將第二顆稽納二極體與第一顆稽納二極體反向連接，實現了電路元件供應負電峰值的保護。

使用極性反轉保護法使承擔的電壓壓降減少的橋接電路
發明背景（Background Of The Invention）

1.發明領域

　　該發明呈現了關於使用 NPN 電源轉換器以直流驅動外部負載、電子馬達和防止意外的極性反轉的整合電路。

2.先有技術的描述

　　全橋式（full-bridge）或半橋式（half-bridge）輸出驅動功率級（Power stages），及使用接合面隔離技術的單晶整合於雙向直流驅動馬達，所用的整合電源轉換器為已知的且被廣泛使用。在這些集成 N 型電晶體（雙極 NPN 或 N-channel MOS 電晶體）的功率級比 P 型電晶體更有效率。當功率轉換電晶體是為 N 型時，在實踐高電流的橋式或半橋式電路可能會以整合型式實現。

　　FIG. 1 中顯示了這種型式的傳統整合橋式電路。供應的正極是反覆地由兩個 NPN 電晶體 TN1 和 TN2 作轉換，在兩個輸出端 1 和 2 上，經由馬達 M 使驅動連接。橋式電路是由兩個功率電晶體 TN3 和 TN4 完成，其中電晶體的負供應極（地）與輸出端 1 和 3 作連接。這也是普遍用兩個 PNP 驅動電晶體 TP5 和 TP6 來驅動高側轉換器 TN1 和 TN2 的實踐方法。

　　在整合電路中，N 型集極和 P 型基極之間所連接的寄生二極體（電路圖 Fig. 1 中的 D1 和 D2）是固定存在的，譬如描繪在 Fig. 3 中的是使用 NPN 電晶體的接合面隔離整合結構。在 NPN 電晶體整合結構的透視剖面圖中（Fig. 3），這種寄生二極體 D1（D2）是用相對的圖形符號以圖表的方式來顯示。有陰影的部分是屬於 P 型的範圍，沒陰影的部分是屬於 N 型的範圍。

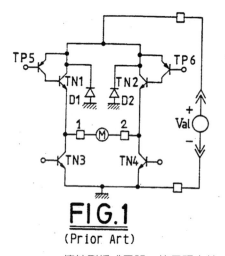

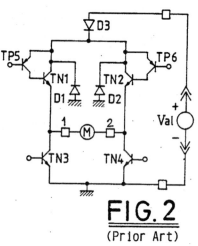

Fig. 1 傳統型橋式電路，使用現有技術的 N 型轉換器，與接合面隔離技術的單晶整合

Fig. 2 與 Fig. 1 相同的橋式電路，並加上極性保護二極體

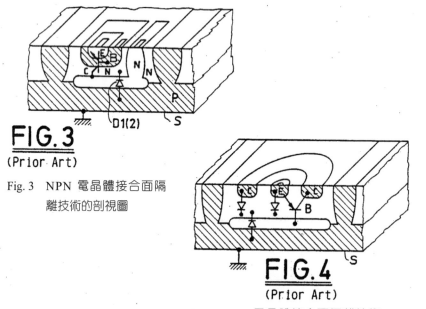

Fig. 3 NPN 電晶體接合面隔離技術的剖視圖

Fig. 4 PNP 電晶體接合面隔離技術的剖視圖

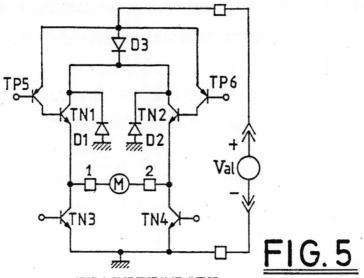

Fig. 5　根據本發明呈現的橋式電路

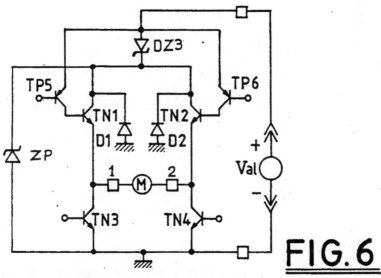

Fig. 6　呈現不同於本發明的橋式電路

　　如果不小心的把電源極性顛倒，這些 NPN 電晶體 TN1 和 TN2 整合的寄生二極體 D1 和 D2 會變成直接偏壓，而且通過這些二極體的電流可能會造成破壞。

　　為了克服這種使用電路時已知的問題，使用如 Fig. 2 中所描述的極性保護二極體 D3，當意外的使極性反相時，它能截止反相偏壓，以避免電流通過。

　　這種已知的解決方法不是沒有缺點的。事實上，經由觀察電路圖 Fig. 1，可以很清楚的知道負載橋接電路的總壓降是根據下列的方程式提供（橋接電路中左上至右下對角線，以下稱為第一條對角線）：

VCE_{SAT}（TP5）$+VBE$（TN1）$+VCE_{SAT}$（TN4）

或（右上至左下對角線，以下稱為第二條對角線）：

VCE_{SAT}（TP6）$+VBE$（TN2）$+VCE_{SAT}$（TN3）

　　其中這些是保護二極體在 Fig. 2 這種電路中所提供的情況，電路的總壓降近似於以下的方程式（第一條對角線）：

V_{F}（D3）$+VCE_{SAT}$（TP5）$+VBE$（TN1）$+VCE_{SAT}$（TN4）

或（第二條對角線）：

V_{F}（D3）$+VCE_{SAT}$（TP6）$+VBE$（TN2）$+VCE_{SAT}$（TN3）

　　在這裡保證使用保護二極體 D3 時，經由控制額外的壓降 VF（D3）能防止極性反轉對電路的電子效率造成的損失，其中正常電壓工作範圍限制在 600mV 至 1.2V 之間。

發明的目標和總結

　　經由以上發明所呈現的內容，使用保護二極體或許能減少電源極性反轉時，大部分經過保護二極體所造成額外無效的壓降。

經由連接兩個 PNP 電晶體的共射極來驅動兩個高邊輸出功率轉換器（NPN 電晶體）和直接地送給電源供應器，使達成了上述這種目標。

圖形的簡短描述

發明所呈現的電路，其特徵和優點將在所附上的圖形中，經由更具體的描述例證和非限制的細節，而變成發明的證明，其中：

Fig. 1 顯示了現有技術使用 N 型轉換器的橋式電路，和利用接合面隔離技術的單晶整合。

Fig. 2 顯示了與 Fig. 1 相同的橋式電路，並根據現有的技術加上了極性保護二極體。

Fig. 3 是一個 NPN 電晶體的接合面隔離技術的透視剖面圖。

Fig. 4 是一個 PNP 電晶體的接合面隔離技術的透視剖面圖。

Fig. 5 是根據發明呈現的技術來修改橋式電路的輸出。

Fig. 6 是呈現不同於發明中所述電路的例證。

經由觀察 Fig. 4 可以輕鬆知道有關於先前被稱爲 NPN 整合結構（見 Fig. 3）和 P 型電晶體的整合結構之間結構的關係，像是電路所描述的 PNP 電晶體 TP5 和 TP6 與 N 型結構的對比，本質上都是保護極性反轉，因爲 P 型的射極 E 和基極 S 是經由 N 型區分隔開來〔經由埋層（buried layer）和基極外延區 B 所組成，其中這些都是 N 型區〕。因此這些串聯的二極體彼此擁有相對的極性（如剖面圖描述中，交集部分是用相關的圖形符號），其中無論電壓的極性爲何，即使直接連接電壓源，也不會使電流通過。

現在由 Fig. 5 顯示的橋式電路已經使我們知道，經過極性保護二極體的額外壓降幾乎是無效的，換言之，直接連接正電壓源在兩個 PNP 電晶

體 TP5 和 TP6 的射極，可以驅動整合 NPN 功率轉換器 TN1 和 TN2。

事實上，Fig. 5 中橋式電路的總壓降是由多於一個方程式來提供（第一條對角線時）：

VCE_{SAT}（TP5）$+VBE$（TN1）$+VCE_{SAT}$（TN4）

或者（其他對角線時）：

VCE_{SAT}（TP6）$+VBE$（TN2）$+VCE_{SAT}$（TN3）

和（相同的第一條對角線時）：

V_F（D3）$+VCE_{SAT}$（TN1）$+VCE_{SAT}$（TN4）

或者（其他對角線時）：

V_F（D3）$+VCE_{SAT}$（TN2）$+VCE_{SAT}$（TN3）

保護二極體 D3 可以保證防止意外地極性反轉，當經過的壓降驅動橋式電路時，剩下的壓降非常近似於 Fig. 1 中沒有保護二極體 D3 橋式電路的壓降。

根據這些條件組成的橋式電路，這種整合裝置的結構經由正確的尺寸可能可以輕鬆的保證：

VF（D3）$\doteqdot VBE$（TN1）$\doteqdot VBE$（TN2）

（其中是由 0.6V 至 1.2V 所組成）

$VCESAT$（TP5 和 TP6）$\doteqdot VCESAT$（TN1 和 TN2）

（其中是由 0.3V 至 1.0V 所組成）

由該發明所提出的樣本解是合適的，因為這對不同類型的整合裝置，將是明顯地熟練技術，例如：

(a)單晶整合全橋式電路，除了驅動電路之外還包括雙極 NPN 電晶體（TN1、TN2、TN3 和 TN4）和兩個驅動 PNP 電晶體（TP5 和 TP6）。

(b)兩個單晶整合半橋式電路，各包括了電晶體 TN1、TN3、TN5 和電晶體 TN2、TN4、TN6。

(c)雙開關正電源，包括 NPN 電晶體（TN1、TN2）和相關驅動 PNP 電晶體（TN5、TN6），其中電路可以耦合到已知的單晶片或離散型式的電路上。利用雙極電晶體、MOS 電晶體、SCR 或其他電源裝置來實現接地開關 TN3、TN4。

每一個這種具體的整合型式：(a)、(b)和 (c) 中，當特定的整合電路製造程序允許製造接地二極體 D3，或者每當設計有經費上的援助，接地二極體可能會從成分中分離，接地二極體 D3 可能被自己的單晶整合提供極性反轉。

尤其該保護二極體 D3 將搭載相當於兩個功率電晶體 TN1 和 TN2 之一的電流，而且不曾使後者的電流加倍，因為整合開關 TN1 和 TN2 的傳導模擬是排除在驅動電路之外。

發明電路的整合裝置特別選擇用在汽車設備上，以及類似於壓降發生的條件之高層次實驗環境，其另一個具體化表現方式顯示在 Fig. 6。

以等效的第一顆稽納二極體 DZ3 和在接地端和稽納二極體 DZ3 之間連接第二顆稽納二極體 ZP 取代二極體 D3，如 Fig. 6 所示，電晶體 TP5 和 TP6 將被正電壓源和負電壓源有效的保護。

在一般的操作條件下，順向偏壓的稽納二極體 DZ3 是等效於一般二極體（如 Fig. 5 的 D3）。當負電壓源存在時，電流將會經過 ZP、TN1 和 TN2，以及會經過反向偏壓稽納二極體 DZ3，其中將包括經過電晶體 TP5 和 TP6 的電壓來限制稽納二極體的截止電壓。在輸入正電壓的情況下，根據順向傳導條件，電流將會流過 DZ3，以及經過稽納二極體 ZP 的電壓將會限制了稽納的截止電壓，或者限制了截止電壓加上經過稽納二極體

DZ3 的順向偏壓

我們擁有的所有權包含以下幾點：

a.Claim 1：驅動負載的整合橋式電路經由整合電路的兩個輸出腳位作連接，其中至少由下列一種半導體裝置和使用接合面隔離技術的單晶整合所組成：

第一顆 NPN 電晶體的射極連接第一條輸出腳位，而且能夠把第一條輸出腳位換成正電壓源；

第二顆 NPN 電晶體的射極連接第二條輸出腳位，而且能夠把第二條輸出腳位換成正電壓源；

第一顆 PNP 電晶體的集極連接第一顆 NPN 電晶體的基極，而且能夠驅動後者把驅動信號提供給第一顆 PNP 電晶體的功能；

第二顆 PNP 電晶體的集極連接第二顆 NPN 電晶體的基極，而且能夠驅動後者把驅動信號提供給第二顆 PNP 電晶體的功能；

該橋接電路進一步的組成，經由所述的驅動訊號在兩個輸出腳位和負電壓源之間作連接，還有對意外極性反轉的保護，擁有兩個集極能連接到第一、二顆 NPN 電晶體基極的電陰極，和連到正電壓源的陽極，而且事實上，第一顆和第二顆 PNP 電晶體的射極，將它們的基極和減少橋接電路壓降的電壓源作連接。

b.Claim 2：根據 Claim 1 所述，該電路中的保護二極體能直接抵抗橋式電路的操作條件所造成的壓降，其中該壓降經過保護二極體的量大約等於 NPN 電晶體的 VBE，而且第一、二顆 PNP 電晶體的 VCE 飽和電壓大致相等於第一、二顆 NPN 電晶體的 VCE 飽和電壓。

c.Claim 3：根據 Claim 1 所述，該電路中的保護二極體是為稽納二極體，而且為了以電壓供應的峰值來保護電路的元件，第二顆稽納二極體的連接在第一顆稽納二極體和負電壓源之間對立。

帆船載體

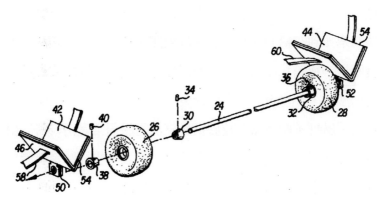

Fig. 1　本發明運輸裝置的型體

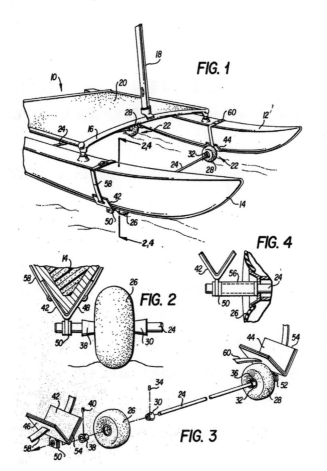

內容

技術領域

　　本發明牽涉到有輪的運輸裝置。例如運送小型水上運輸船。更特別的是，該發明是一種輪式運輸裝置，適用於運送雙殼式風帆或是遊艇，橫越軟地面例如沙灘，不會對船殼造成損傷。

　　近年來，風帆遊艇逐漸普及於世。這樣的船通常是由一對浮桶或是硬塑膠船殼與外披覆一層纖維玻璃組合而成。船殼是由桶狀金屬體構成，上搭載一片甲板供水手駕船用，船桅桿可供駕船者、風帆與其他必要的駕船工具掛載在上面。使用這樣的船的最重要的好處在於船體很輕，可以隨時離開水面上岸。然而，在沒有碼頭的實後人們必須在地面上拖著船殼上岸，例如海灘上。即便是船體僅有 250 磅到 350 磅，拖行在地面上仍舊需要很大的力量。此外，沙粒會穿破船體使得必須定期額外花費修理。

　　為了簡化拖運的困擾，一種輪式的運輸工具被引進使用。但是這種輪式運輸工具的輪子與軸承都很大很笨重，使得裝載工作變得十分困難。此外，傳統的輪胎式設計在沙地行走時容易陷入沙地中，造成耗費更多的力氣在行走。

發明揭露

　　本發明提出一種有別於傳統輪式運輸工具的設計，專門用來在沙地上拖運小型風帆船。

　　發明重點在於節省運輸工具的架構，使其裝載或式運送時都無需而外的工具輔助。另一項目標則是使該運輸工具可以適用於各種寬度的船體，並提供更簡單的負載方式，以便於在沙地上行走。

　　這些發明的目標都以實例說明，其他目標則在探討技術時提出。然

而，發明的範圍限於上述訴求。在一優先的具體化發明，該發明由一對輪子與其軸承形成。輪子上方式由兩個搖籃狀的乘載物保護船體的龍骨。乘載裝置夏裝了一個擋板，使得軸承可以在搖籃底下自由轉動與滑動。由於該乘載裝置可以自由在軸承上滑動，因此可以適用於任何寬度的船體。雖然軸承在黨版內可以自由轉動，但是在本發明中主要是希望能自由滑動而不轉動。可調整的煞車裝設在軸承與擋板的內側，藉此控制運送裝置的運動，以及避免與輪子直接接觸。

　　乘載籃周圍從每個擋板都有一個向上延伸發展的屏蔽牆。為了滿足該裝置在沙灘上運動，該裝置的輪子是用柔軟的氣球構成，藉此分散重量在沙灘上而不會陷入沙中。為了保證船體在運送過程中能保持在乘載籃裡，一組皮帶與鉤環將被採用。雖然只用一組就能夠達到運輸的目的，不過建議用兩組會比較穩。

詳細的描述發明型體

　　一個傳統的輕體雙桶式 12、14 風帆船 10 安置在一方型堅固體 16 中，該方體支撐尾桿 18 與其帆裝、平台、或是軟墊 20。如圖一所示，船 10 被支撐在該發明的載體 22 上，以便於運送過軟地如沙灘。有軸承 24 與一對軟性氣球狀的輪胎 26、28 分隔兩邊，該距離小於帆船浮筒寬度。該輪子在軸承 24 上轉動。輪胎保持向軸承 24 軸心運動是由煞車 30、32 控制，藉著螺旋裝置 34、36 輔助。煞車 30、32 的大小必須可承受輪子 26、28 的車轂。取代煞車 30、32 的是一個連續式的袖套包覆住軸體 24 於輪胎之間。藉著軸承 24 兩端的煞車 38 與一組螺旋定位裝置 40，輪胎 26、28 運動時可避免潮軸承外側滑出。然而，為了滿足裝上後與拆卸後的方便，煞車 38 也許要被省略，以致於輪胎 26、28 運動時被延伸的乘載籃 42、44 限制與定位於軸承 24 兩端，並接受部分船體的雙桶 12、

14。乘載籃 42、44 由金屬、塑膠、木頭，或是任何適當的材料構成，並且船體由向上延伸 V 字型的屏蔽牆 46、48 所保護著。當然，乘載籃的形體可適用於任何大小的船體。乘載籃 42、44 底下依附的是擋板 50、52，最好是可滑動式的，軸承 24 頂端為可轉動式的。擋板必須密封，以免水或沙粒跑進去影響其效能。另外，輪子在軸承 24 兩端必須可轉動，而擋板 50、52 為了滑動性可以由簡單的軸承支撐物取代（在此沒有提到）。如果需要的話，乘載籃 42、44 的內側可以由彈性襯裡 54 或是相似的軟性物以保護船殼 12、14 的底漆被剝落的疑慮。

　　圖四表示的是另一種運輸設備的設計，一個袖套 56 套在輪胎 26、28 之間的轉軸 24 上以及擋板 50、52 上，以免輪胎轉動時接觸到乘載籃 42、44 或是船的浮桶 12、14，保證維護風帆船運送過程的安全性。

　　使用上，載體 22 可以容易組裝，首先先將定位的煞車 34、36 以載送船體設定的距離裝上軸承 24。隨後輪子 26、28 安裝在軸 24 上，而如果需要的話，煞車 38 或 56 均設置在輪胎外部。隨後乘載籃 42、44 置於在軸 24 兩端的外部，使軸能夠在擋板 50、52 內轉動。在裝上船體時，只需要舉起船體一邊的浮桶，然後將載體滑動到船體下承接船體。實際上，支持浮桶主要是靠有叉狀的支撐物支撐於乘載籃上。當一切準備工作完畢，如圖一所示，該船體在沙地上運送指許要幾個小孩子就能輕鬆推動，而與先前技術相比，傳統的載體至少需要兩位成年人來推動。當船體送到水中後，原本的載體將很容易拆卸，並以汽車行李箱運送即可，除了較長的軸承需要用大帆布袋收藏外。每一個載體重約 25 到 30 磅，依使用的輪胎種類而定。

　　依據上述有關本發明的解說，作者在此提出以下幾點訴求：

a. Claim 1：一個改良的雙浮桶風帆船載體包括：

一根軸承。

一對裝在軸承兩端的輪子。

第一與第二承載籃，可以用來盛裝部分船體的浮桶，以及第一與第二擋板，以及可調整寬度的設計。

b. Claim 2：根據 Claim 1 設計的乘載籃向上延伸的保護牆。

c. Claim 3：根據 Claim 1 設計的軟性氣球型態的輪胎。

d. Claim 4：根據 Claim 1 設計用來維持輪胎運動的煞車，稱為 wheels therealong。

e. Claim 5：根據 Claim 1 設計保護風帆船浮桶的機制，稱為 cradle means。

f. Claim 6：根據 Claim 1 設計的自由轉動軸承，稱為 bearing means。

7. 一個改良的可調整式雙浮桶風帆船載體包括：

一根軸承。

一對裝在軸承兩端的輪子。

第一與第二承載籃，可以調整寬度，完全盛裝船體的浮桶，以及第一與第二擋板，以及可調整寬度的設計。

h. Claim 8：根據 Claim 7 設計的乘載籃向上延伸的保護牆。

i. Claim 9：根據 Claim 7 設計的軟性氣球型態的輪胎。

j. Claim 10：根據 Claim 7 設計用來維持輪胎運動的煞車，稱為 wheels therealong。

k. Claim 11：根據 Claim 7 設計保護風帆船浮桶的機制，稱為 cradle means。

l. Claim 12：根據 Claim 7 設計的自由轉動軸承，稱為 bearing means。

附錄 B

專利商標案例–訴訟程序規則

37 CFR §1.56 公開義務（Duty of Disclosure）

(a) 對於專利商標局的誠實善意揭露，依賴在發明人、每一位準備申請或起訴的律師或代理人、其他每一位與準備申請和起訴有關的人、與發明者有簽訂協議的人、與受讓人或與任何一個有義務指定申請的人。上述類別的人都有義務揭露他們所知道的資訊，其中這些資訊對申請來說是重要的審查。當明智的審查員將考慮這種資訊的重要性來決定是否使該申請通過並且得到專利時，這樣的資訊將會非常重要。該義務與申請的準備和提起訴訟所涉入的程度相當。

(b) 根據這個章節的揭露必須附在每一個國外的專利文件、非專利性的出版物、或其他被揭露的書面形式中非專利性之資訊項目的副本中，或者附在不是人為揭露的副本之陳述內，而且可能經由有申請準備和提起訴訟責任的律師或代理人、或者經由扮演它自己利益角色的發明者在專利商標局製作。揭露這些的律師、代理人或發明者都應該滿足有關揭露資訊給任何人的義務。這樣的律師、代理人或發明者沒有義務去傳送對申請審查來說不重要的資訊。

37 CFR §1.71 發明的細節描述和規格書

(a) 規格書必須包含發明或發明的書面描述，製造和使用的方法或程序也是如此，而且它們還需要充分、明確、整潔和確切的專有名詞，

使任何熟練該技術或科學的人能夠了解附加的發明或發現，或者了解相近的關聯性，而對於製造和使用也是一樣。

(b) 爲了專利的要求，規格書必須更精確的定義發明，以區別它與其他發明和先前發明之間的不同。規格書必須完整描述程序、機器、製造、主題的成分或改善發明的具體化規格，並必須解釋所應用的操作模式或原則。發明者完成它發明的最好方式必須更精確的設置。

(c) 在改善發明的例子中，規格書必須特別點出程序、機器、製造、或有關改善主題成分的部分，而且該描述應該會被特定的改善和必須與它合作的部分，或者可能需要完成它的理念或描述而限制。

(d) 著作權和標誌聲明可能被包含在著作權和標誌的設計或實用專利申請內。該聲明可能會在專利申請的任何適當的比例中出現，欲見聲明的描繪請見§1.84(o)。該聲明的內容必須被限制在只包含那些法律需要的元素，舉例來說，「©1983 John Doe」（17 U.S.C. 401）和「*M* John Doe」（17 U.S.C. 909）將被正確的限制，而且根據現今的法規是滿足合法的著作權和標誌。著作權和標誌只允許在規格書的開頭，才能包含在這章的 (e) 小節內所闡述的授權語言。

(e) 該授權應該遵循下列方式讀取：
揭露此專利文件的一部分包含了受到（著作權或商標）保護的材料。該（著作權或商標）擁有人對任何人把專利文件或專利揭露以傳眞呈現的方式沒有異議，而專利商標局的檔案或記錄也是如此，但在其他部分（著作權或商標）保留了所有權利。

37 CFR §1.75 所有權

(a) 規範說明書要能終結於申請專利範圍，範圍則能清楚指出申請人所

欲關注的發明或發現。

(b) 規範申請專利範圍，可以包括一個以上的範圍，各範圍之間要有實質上的差異，且數量不要無限度地多。

(c) 一項或多項所有權可能會以附屬的型式呈現，以限制相同申請的前後文中，另一個相關的要求或所有權。任何與其他大於一項所有權有關的附屬所有權（多項附屬項）應該只能選擇其他這種有相關的所有權，多項附屬項不應該作為其他多項附屬項的基礎。附屬項的所有權應該被解釋為，包含附屬項必組合其所依附項次的限制條件。多項附屬項應該被解釋為，結合了每一個特定所有權的所有限制條件。

(d) (1)申請專利範圍應該是與發明符合，並能與說明書內容相互清楚地支撐，有前述基礎（antecedent basis），範圍的解釋應要參考說明書內容，主要是要求說明書與申請專利範圍彼此支持的原則。

37 CFR §1.77 申請元素的安排

申請元素的安排應該遵循下列順序：

(a) 發明的標題，或者是介紹性的陳述申請人的姓名、國籍和住所，還有可能被使用的發明標題。

(c) (1)互相參考的相關申請（若有的話）。

(2)參考的附加微縮膠片（若有的話），微縮膠片的總數和幀（frame）的總數應該被指定。

(d) 發明的總結。

(e) 如果有圖片的話，要有對圖片的描述。

(f) 細節描述。

(g)　要求或所有權。

(h)　揭露的摘要。

(i)　誓言和宣示。

(j)　圖片。

資訊揭露聲明書（Information Disclosure Statement）

37 CFR §1.97 提出資訊揭露的說明

(a)　遵循在 §1.56 中所闡述的方式作爲一種揭露義務的手段，在申請提出之時、或申請提出的三個月內、或申請案收到申請收據的兩個月內，申請人受到鼓勵而去提出資訊揭露聲明書。如果揭露的聲明書是單獨地提交，那麼除了發明的鑑定之外，應該在申請收據上顯示包含負責審查此案的技術組（Group Art Unit）。該揭露聲明書可能會與規格書分開，或者可能被納入其中。

(b)　根據這節的 (a) 段所提出的揭露聲明書，不應該被解釋爲以取得的檢索、或者沒有其他在 §1.56 中所定義重要資訊的代表。

37 CFR §1.98 資訊揭露聲明書的內容

(a)　任何根據 §1.97 或 §1.99 所發表的資訊聲明書應該包括：(1)所有專利、公開資料或是其他訊息的列表。(2)簡要解釋每一個所列項目的相關性。該揭露聲明書應該以資料型式附在每一個所列專利、或公開資料、或其他資訊項目的副本上，或者至少要以人爲的方式在上述之中提出相關的揭露聲明。所有列出的美國專利應該要能知道它們的專利編號、專利日期和專利擁有者姓名。每一個國外的公開

申請案或專利應該要引用同意它的國家或專利局，該文件編號和出版日期顯示在文件上。每一個印刷品出版物應該要能知道作者、公開資料的標題、頁數、日期和申請地點。

(b) 當兩個或兩個以上的專利或公開資料被認為是大致相同的，代表它們的其中一個副本應該包含在聲明書中或其他列表上。當需要將外國語言的專利或公開資料翻譯給申請人時，資料中重要部分的翻譯被認為是重要的。

37 CFR §1.99 資訊揭露聲明書的更新

發行之前，如果專利申請人根據§1.56 下揭露的義務，希望提請專利局注意其他專利、公開資料或其他不是以前提交過的資訊，該額外的資訊應該在合理的期限內提出給專利局。這些可能被包含在資訊揭露聲明書的附錄中、或可能會被納入其他審查員需要考慮的溝通中。任何額外資料的媒介應該附有相關的解釋，和附有§1.98 要求的副本。

附錄 C

從美國法典 35 篇中選定的專利法

§100. 定義

下列用語在本編中，除根據前後文義另有所指外，其意義如下：

(a) 「發明」（invention）指的是發明或發現。

(b) 「過程」（process）只的是製作方法、技術或方法，並包括對已知的製造方法、機器、製造品、物質的組分或材料的新利用。

(c) 「美國」（United States）和「本國」（this country）是指美利堅合眾國、它的州和附屬地。

(d) 「專利權人」（patentee）不僅包括接受專利證書的專利權人，而且包括其權利繼承人。

§101. 發明的可專利性

可獲專利的發明凡發明或發現任何新穎而適用的製造方法、機器、製造品、物質的組分、或其任何新穎而適用的改進者，可以按照本編所規定的條件和要求取得專利權。

§102. 專利性的條件：新穎性和專利權的喪失

如果沒有下列任何一種情況，有權取得專利權：

(a) 在專利申請人完成發明以前，該項發明在本國已為他人所知或使用的，或者在本國或外國已經取得專利或在印刷的出版物上已有敘述

的。

(b)　該項發明在本國或外國已經取得專利或在印刷出版物上已有敘述，或者在本國已經公開使用或出售，在向美國申請專利之日以前已達一年以上的。

(c)　發明人已經放棄其發明的。

(d)　該項發明已經由申請人或其法定代理人或其承受人在外國取得專利權，或使他人取得專利權，或者取得發明證書而向外國提出的關於專利或發明證書的申請是在向美國提出申請以前，而且已達十二個月以上的。

(e)　在專利申請人完成發明以前，該項發明已經在根據他人向美國提出的專利申請而批准的專利說明書中加以敘述的。

(f)　請求給予專利權的發明並非申請人自己完成的。

(g)　在申請人完成發明之前，該項發明已由他人在美國完成，而且此人並未放棄，壓制或隱瞞該項發明的。在決定該項發明的先後次序時，不僅應考慮該項發明的各個開始日期和完成日期，並且應考慮是否是他人的構想和最後完成者的努力。

§103.專利性的條件：非易見性的內容

　　雖然一項如同§102 中所規定的發明已經有人知曉或者已有敘述的情況完全一致，但申請專利的內容與其已有的技術之間微小的差異，以致在該項發明完成時對於本專業具有熟習該技術的人員是顯而易知的，而不能取得專利。取得專利的條件不應該根據完成發明的方式予以否定。

§104.國外完成的發明

在專利與商標局和法院進行的程序中，除了本編第 119 條所規定的以外，專利申請人或專利權人可以不用參照對發明的知悉或使用，或者有關發明的其他活動而提出其在外國的發明日期。在美國有住所的軍人或非軍人，由於美國國家執行的業務或者代表美國執行的業務而在國外服務時完成發明的，對該項發明享有的優先權利，與在美國國內完成該項發明時所享有的權利相同。

§111.專利的申請

申請專利，除本編另有規定外，應由發明人以書面向專利與商標局局長提出。此項申請應包括：(1) 本編第 112 條所規定的說明書；(2) 本編第 133 條所規定的繪圖；(3) 本編第 115 條所規定的申請人的誓詞。申請人應在申請案上簽名，並應同時繳納依法應納的費用。

§112.說明書

說明書應該對發明、製作與使用該項發明物的方式和技術過程，用完整、清晰、簡而確切的詞句加以敘述，使任何熟悉該項發明所屬的或該項發明密切相關的技術的人，都能製作及使用該項發明。說明書還應該提出發明人所擬定的實施其發明的最好方式。在說明書的結尾，申請人應該提出包括一項或一項以上的權項，具體指出並清楚地主張認為是其發明的內容。權項的每一項可以用獨立權項或非獨立權項的形式編寫，如果用非獨立權項的形式寫成，應認為已用參考對照的方式，把非獨立權項中有關權項的一切限制都已說明。機關於組合物的發明，權項中可有一部分說明實現特定功能的方法或步驟，而不用細述其結構、材料或作用。這種權項說

明應認為已包括說明書及其相關文件所敘述的相應的結構、材料以及製作的方法。

§115 申請人誓言

專利申請人在申請專利時必須提出一份誓言書，說明申請人為某一程序、機器、製造生產的發明者，或是上述先前技術的第一個改善者，特別必須說明自己的國籍為何。這樣的誓言書只需要在一位經過美國法律認定有擔當誓言書監督者，或是美國政府授權合法擔任監督者的機構，或是國外政府授權合法可以擔任監督者的機構面前簽署誓言書即可。當申請人並非發明者的時候，誓言書的內容往往有很大的不同。

§116 發明者

當一項發明是有兩人以上共同發明時，他們會一起申請專利並一起提出誓言書，除非另有規定。發明人也許會一起申請專利，即便是：(1) 他們並不是真的一起工作或是同時從事該發明，或是 (2) 每個人的貢獻度不一，或是 (3) 每個人不一定對發明的每一個訴求具有貢獻。

假如其中一位發明者拒絕參與專利申請或是不能證明自己的貢獻時，其他申請人得以代表該發明者執行申請的權利。經過委員會審議既定的證據或事實後，可由該發明者提出申請，而加入該申請案中。

§119 在國外提早提出申請專利的益處：優先權

專利的發明申請在此國家的任何人誰已經擁有，或者其法定代表人或者受讓人以前，定期提交的申請的專利就同一發明在外國的國家能提供同樣的特權，在案件申請提起時無論在美國或向美國公民，具有同等效力，同樣的應用程序將不得不在這個國家再次執行，如果提出的該申請的日期

爲同一發明專利第一次提出在其他國家被提出，如果應用程序在這個國家是十二個月內提出的最早日期等外國申請的提交，但任何申請發明專利時該專利已被申請專利或在印刷出版物中描述的任何國家一年多前的日期已在這個國家提出申請，或已在該國一年多前於公共場所使用或出售這些申請案，將不授予專利權。

專利申請案並沒有要求賦予這項優先權，除非一項訴求或是一項持有合格證書的原始外國專利影本，或是其說明書，或繪圖於該專利被承認前被送至專利與商標辦公室，或是不得在該國專利申請寄出日期的六個月內，在專利申請審查尚未決定前由審查委員會提出要求。這樣的合格證明必須由外國的專利辦公室發出，並且包含專利申請日期與計畫書寄出日期等相關文件。委員亦有權要求進行文件英文翻譯等工作。

在同樣的狀況下，本章節所述的優先權或許是根據外國一連串制式的專利而申請提出流程，並非是第一個寄出的外國申請案，假設任何較早的國外專利已被放棄、中止或是遺棄，而沒有被公諸於世，也沒有行使任何權利。

國外發明者所證明的申請與專利申請，在這個國家被視爲同等重要的事，假使這個申請者符合斯德哥爾摩修訂的巴黎公約利益內容，也應當平等對待。

§120 美國提前申請的好處

如果申請專利之前或遺棄或終止訴訟程序的第一個申請案或一個申請案同樣享受的好處和申請日第一次申請案相同，如果它包含或修正，以包含特定參考較早提交的申請案內容，一件發明的專利申請案由第一段的同樣標題 112 部分的方式於先前在美國揭露，或是如 363 部分由發明者或是

前案所列發明者都具有同樣的影響力。

§122 保密狀態的申請案

專利申請案內容應由專利辦公室保密,並且沒有申請人的允許,任何資訊都不得公開,除非牽涉到必須回應任何法院的請求或是任何議會的法令要求。

§161 植物專利

任何發明或是發現者或是無性複製任何不同種或新的植物,包括培育的行為、施肥、混種,與任何新式的播種方式,除了除塊莖繁殖的植物或是在未開發之地發現的新植物以外,只要達到足夠的規定與條件,均可獲得專利。

這個與專利有關的發明專利規定,應適用於任何植物,除非另有其他規定。

§162 描述、訴求

只要專利內容描述不足,任何植物的專利會因違反 112 部分的說明而被宣布無效。

說明書內的訴求應該滿足植物專利要求的格式與內容。

§163 同意

在植物專利裡同意權必須排除非無性生殖複製的植物,或是販賣或使用如此生產方式的植物。

§164 農業部門的協助

總統可直接通過行政命令的農業部長，按照各政府部門的要求，其目的在於施行預防措施，針對：（1）農業部提供的現有資料，（2）通過適當進行局或部門研究部的特殊研究對象，或（3）詳細地向專員管理人員和員工的部門等所提供的植物資料。

§171 設計的專利

任何關於製造業的新式、初始，或是任何相關的設計都能在本文中的要求與情形中獲得專利。

任何關於專利權的保護措是均適用於設計專利，除了特別被載明的內容之外。

§172 優先權

依照本文 119 部分與 102(d) 規劃的時間，有關設計的專利需要六個月的優先權。

§173 長期的設計專利

關於設計的專利必須保證維持十四年。

§251 重新發行有缺陷的專利

當一專利不論何時因為錯誤導致部分或是全部的專利發明無法實踐，如果該錯誤非有意欺瞞人的錯誤，藉由文字或是圖說說明錯誤，或是訴求增加或減少擁有人的專利權利，委員會可以根據修正的內容將原專利中揭露的發明重新發行專利，並且持續其未到期的保護性。但是修正內容不得包括任何新發明。

委員會也許會針對不同的與單獨的專利發明發行好幾個重新發行的專利，依照專利申請人的要求及其繳納的費用而定。

這個標題所供應的內容與相關的專利申請將是可適用對專利的補發的申請，除了補發的申請也許被當成或對由代理人整個利益的發誓，如果應用不尋求擴大原始的專利權的要求範圍。

重新發行的專利案不得擴充原有專利訴求的架構，除非該專利被保證的時間不超過兩年內。

§252 重新發行的影響

重新發行的專利具有與原專利同樣的實質效果與法律地位。申請重新發行專利雖有風險，因為又會經過另一次實際審查，有被拒絕的風險，但仍是十分有用，尤其是能夠擴大核准後的專利訴求範圍。原說明書應要寫得完整，即使申請時不確定是否有價值，但是經過幾年後，會發現可核准的範圍應該是怎樣的。美國的專利發行給專利權擁有人極大的保障，只有美國有申請重新發行專利的方案，只要申請人願意付費就能提出申請重新發行專利。

另根據法律上有關申請重新發行專利的規定，原母案將被放棄，申請重新發行專利的案子如有與母案實質相同的專利範圍，在法律上有相同效果的保護效果，相同的專利權期限。申請重新發行專利內核准的範圍不能限制或是影響在申請重新發行專利核准前已經進行相關技術的製造、提供販賣、美國境內使用、進口的行為，但以上行為仍會被判斷侵害申請重新發行專利案中已經在母案核准的範圍。若在申請重新發行專利核准之後仍從事相關技術的製造、使用、販賣、進口核准前已有的商品，仍會產生侵權的問題，但法院為了公平起見，會給予適當保護

§256 發明者姓名的正確性

　　無論何時若有專利發明人的名字在一已發行的專利上被印錯，或是被遺漏時，經過專利委員會調查發現並非該名作者故意欺瞞他人，那麼專利委員話將發給一項證明修正此錯誤。

　　上述有關發明者名字的錯誤只要不影響原專利案的內容，都可以透過補發證明文件修正原本的內容。

§271 專利權之侵害

(a)　除本法另有規定外，於專利權存續期間，未經許可於美國境內製造、使用、要約銷售，或銷售已獲准專利之發明產品，或將該專利產品由外國輸入至美國境內，即屬侵害專利權。

(b)　積極教唆他人侵害專利權者，應負侵權責任。

(c)　要約銷售或銷售，或由外國進口，屬方法專利重要部分之機器構件、製品組合物或化合物，或實施方法專利權所使用之材料或裝置，且明知該特別製作或特別引用乃係作為侵犯該項專利權，當上述情形並非作為主要或屬不具實體侵害作用之商業上物品時，應負幫助侵權者之責任。

(d)　侵害專利權，或幫助侵害之事情發生時，有權行使侵權救濟之專利權人，不得因有下列各款情事之一而否定其行使救濟之權利，或被視為專利權之濫用或不法之權利擴張：

　(1)因他人實行未經專利權人同意幫助侵害行為而使專利權人獲得利益者；

　(2)許可或授權他人之行為，該行為若未經其同意而執行時，即構成幫助侵害專利權行為者；

(3)為抑止受侵害或受到協助侵害其專利，因而尋求實施其專利權之內容者；

(4)拒絕授權他人實施或使用其專利權者；或

(5)附加專利授權之條件或需購買其他專利以銷售其專利品，或需採購不同產品以銷售其專利品，但專利權人在該相關產品市場具有相當銷售能力者，不在此限。

(e)(1) 在美國境內製造、使用、要約銷售或銷售專利產品依聯邦法令之規定，係為藥品、家畜生理產品之發展而合理使用或提供資訊者，不得視為侵權行為〔但新動物藥品或家畜生理產品，而該產品係主要由去氧核糖核酸（DNA）之再結合，或核糖核酸（RNA）再結合，混合配種技術，或其他有關配置特殊基因運用之技術過程不在此限（在 1913 年 3 月 4 日由食品、藥物及化粧品法案及本法案所使用之術語）〕。

(2)　提出下列所述文件係屬侵權行為：

(A)依聯邦食品、藥物、化粧品管理法第 505(j)條內容規定提出申請，或依該法第 505(b)(2)條提出之申請包含他人專利內所含之藥品或使用該專利權內所涵蓋之藥品。

(B)依聯邦食品、藥物、化粧品管理法第 512 條或依 1913 年 3 月 4 日之法（21 U.S.C.151~158）提出藥品或家畜生理產品之申請，而該產品並非由去氧核糖核酸（DNA）再結合，核糖核酸 （RNA）再結合，混合配種技術或含有配置特殊基因運用之技術過程，而包含於某專利之申請專利範圍內，或所使用之產品係已包含於其申請專利範圍之內者，若該項資料之提出係用以依該法律規定內容取得核准，以便在該專利權失效之前，著手製造、使用或銷售泛

商業性藥品或家畜生理產品。

(3)　依本條規定提起之專利侵害訴訟，關於第 (1) 款所述於美國境內製造、使用、要約銷售或銷售，或由外國輸入專利品者之規定，不得以禁止命令或其他方式處罰。

(4)　依第 (2) 款所述之侵權利爲中：

(A)審理法院應下令，涉及侵權行爲之藥品或家畜生理產品之核可生效日期，不得早於受侵害專利權屆滿之日。

(B)爲達到禁止於美國境內之商業性製造、使用或銷售藥品或家畜生理產品，或輸入該產品至美國國內，得准予禁止命令或其他類處罰，及

(C)若侵權者已在美國境內從事商業性之製造、使用、要約銷售或銷售已獲准專利之藥品或家畜生理產品，或輸入該類產品至美國境內時，法官得判決侵權者損害賠償或其他金錢救濟。

在 (A)、(B)、及 (C) 中所敘述之賠償，係指法院依第 (2) 款所述之侵權利爲給予之賠償，另外，法院亦可依第 285 條之規定判給律師費之補償。

(f)　(1)未經許可提供或使人提供在美國境內或由美國境內所生產專利產品之全部或主要部分，該全部或主要部分係指尚未組合之狀能下，若於在美國境外將該主要部分加以組合，恰如其在美國境內將該專利加以組合，應視爲侵權者而負其責任。

(2)任何人在未經許可下，提供或使人提供在美國境內或由美國境內核可之專利部分產品，而該產品係特別製造或特別適用於該發明，但非作爲主要或屬不具實質侵害作用之商業上物品時，將該類產品於美國境外組合，恰如其在美國境內組合，均爲侵害該專利權，應視爲侵權者而負其責任。

(g)　在方法專利之有效期限內，未經許可而擅自進口該項方法專利產品，或於美國境內擅自要約銷售或使用該方法，視爲侵權者而負其責任，方法專利之侵權訴訟，不因屬非商業性使用或零售該項產品而不得請求損害賠償，但無適當之進口、其他用途、要約銷售或銷售該產品者，不在此限。但下列情形所製造之產品不視爲依方法專利所製造者：

　(1)方法係經顯著改變者；或

　(2)該產品僅爲其他產品之非重要組件者。

§294 自願提仲裁

(a)　有關任何專利權益之契約書中，得包含專利有效性或侵權糾紛得透過仲裁解決之約定，如契約書中並無上述內容約定，當事人得另以書面同意以仲裁解決糾紛，任何約定或同意書應爲有效，不可撤回，且爲可執行者，但依現行法或依財產權利可撤銷該契約者不在此限。

(b)　於糾紛之仲裁，仲裁人之金錢裁定，及金額之確認均須依美國法典第九篇之規定辦理，但需不違反本條規定之情況爲限，任何仲裁程序進行中，若爭議中之任一造提出，第 282 條所述規定即應受到仲裁者之詳細考量。

(c)　由仲裁者決定之仲裁金額應爲確定，並對該仲裁之兩造具有拘束力，但對其他第三人則不具拘束力，仲裁中之兩造得相互同意，如涉及賠償金額之專利標的，於爾後由具有法律管轄權之法院宣判爲無效或不可執行且不能上訴或未被提起上訴而確定時，該仲裁金額可由仲裁之任一方提起，經具有管轄權之法院作適當之調整，在調

整後爭議雙方之權利及義務自法院作成調整之日起生效。

(d) 在仲裁人決定仲裁金額之後,該專利權人、其指定人,或授權使用人應以書面通知局長其結果,在仲裁進行中相關之每項專利均應有一份書面通知告知局長,在通知書中應包含仲裁雙方之姓名、地址、發明人姓名,及專利權人姓名,並應指出專利號碼;另須附上仲裁金額之影本,若該仲裁金額遭法院調整,則向法院要求調整之一方應將該調整通知書寄給局長,而在局長接獲該通知書後,應將其內容記載於該專利訴訟法律之記錄,不應寄發之通知書未送至局長處,則仲裁程序中有關之任一方均可將該書面通知提供給局長。

(e) 除非在 (d) 項內之書面通知寄達至局長處,否則,該仲裁金額將無法執行生效。

§301. 列舉前案資料

於專利有效期間內,任何人只要相信與該專利任何一個申請專利範圍項目之專利性有關,均得以書面方式提出其他專利或其他印刷刊物,並寄至專利商標局,當該前案資料已適當說明該專利中至少一個申請專利範圍項目有關之書面解釋時,則該引證之前案資料及其解釋將成為該專利之部分正式檔案資料,只要該提出前案資料人士以書面申請,該人士之姓名特徵資料將受保密,而不保存於該專利檔案資料之內。

§302. 申請再審查

在專利權期間內,任何人均得依本文 301 的規定所引證之前案資料,向主管單位提出再審查之申請,該申請必須以書面提出,且附上依 41 部分的規範,由專利局長所訂定之再審查費用支票,該申請書必須明

白指出應用該引證前案於有關該專利案所包含之每一相關申請專利範圍項目之適切性及方式，除非該申請人是專利權人，否則局長應立即將申請書影本送至名冊所載之專利權人處。

附錄 D

[1]   Beckert, Richard D., Microsoft Corporation (1999) Vehicle computer system with open platform architecture, U.S. Pat. 6,175,789.

[2]   Couckuyt, Jeffrey D., Microsoft Corporation (2003) Method and system for generating driving directions, U.S. Pat. 7,054,745.

[3]   Reynolds, Aaron R., Microsoft Corporation (1996) Common name space for long and short filenames, U.S. Pat. 5,579,517.

[4]   Reynolds; Aaron R., Microsoft Corporation (1998) Common name space for long and short filenames , U.S. Pat. 5,758,352.

[5]   Krueger; William J., Microsoft Corporation (2001) Method and system for file system management using a flash-erasable, programmable read-only memory, U.S. Pat. 6,256,642.

[6]   Falcon, Stephen R., Microsoft Corporation (2004) Methods and arrangements for interacting with controllable objects within a graphical user interface environment using various input mechanisms, U.S. Pat. 6,704,032.

[7]   Falcon, Stephen R., Microsoft Corporation (2006) Portable computing device-integrated appliance, U.S. Pat. 7,117,286.

[8]   Beckert, Richard D., Microsoft Corporation (2001) Vehicle computer system with wireless internet connectivity, U.S. Pat. 6,202,008.

[9]   Na, J., Electronics and Telecommunications Research Institute (1999) Channel structure with burst pilot in reverse link, U.S. Pat. 5,920,551.

[10] Yang, Soon S., Electronics and Telecommunications Research Institute

(2001) Method for transmitting and receiving control plane information using medium access control frame structure for transmitting user information through an associated control channel, U.S. Pat. 6,198,936.

[11] Yang, Soon S., Electronics and Telecommunications Research Institute (2002) Method for sharing an associated control channel of mobile station user in mobile communication system, U.S. Pat. 6,438,113.

[12] Clark, Alan D., British Telecommunications public limited company (1992) Method and apparatus for encoding, decoding and transmitting data in compressed form, U.S. Pat. 5,153,591.

[13] Heutschi, T., Monec Holding AG (2002) Electronic device, preferably an electronic book, U.S. Pat. 6,335,678.

[14] Ditzik, Richard J., (1999) Modular notebook and PDA computer systems for personal computing and wireless communications, U.S. Pat. 5,983,073.

[15] Johnson, Alan, Nokia Mobile Phones Limited (2001) Antenna having a feed and a shorting post connected between reference plane and planar conductor interacting to form a transmission line , U.S. Pat. 6,317,083.

[16] Lahti, Saku, Nokia Mobile Phones Ltd.(2002) Radio frequency antenna, U.S. Pat. 6,348,894.

[17] Talvitie, Olli, Nokia Mobile Phones Ltd. (2001) Mobile station and antenna arrangement in mobile station, U.S. Pat. 6,603,431.

[18] Matti Vilppula, P., Nokia Mobile Phones Ltd. (2009) Method and Device for Position Determination, U.S. Pat. 7,558,696.

索　引

四劃

1883 年之巴黎公約　28

1954 年美國國家稅收法　63

公約年　28, 29, 50

介入權　115, 123, 124

公開發明　3, 62, 110

五劃

半導體晶片保護法　21, 25, 26, 27, 28

世界智慧財產權組織　31

母案　69, 95

申請日　61, 69, 81, 82, 85, 89, 90, 97, 232, 237, 243

付諸實行　48, 49

巴黎公約國　28, 50

申請優先專利制度　50

小規模個體　63, 90

六劃

有形物體之表達媒介　7

合理使用　8, 187

共同侵權　17, 186

州法院　20, 21

光罩　25, 26, 27, 28

吉普森式　36

共同發明人　57, 58, 121

再審查　62, 95

再發行　62, 95

七劃

伯恩公約　10, 12

均等論　61, 76, 77

八劃

版權　2, 5, 6, 7, 8, 9, 10, 11, 12, 16, 20, 21, 23, 25, 27, 77, 119, 124, 127, 150, 152, 256

版權局　7, 9, 10, 12, 20, 21, 25, 27

官方公報　23

非洲地區工業產權組織　36

非洲智慧產權組織　37

非洲聯盟　37

非顯而易知性　35, 39, 40, 50, 51, 52, 53, 55

法定限制條件　47

法定發明登記　61, 81

附屬形式　76

附屬所有權　76

延續案　69

九劃

美國聯邦巡迴上訴法院　2, 99

美國食品和藥品管理局　68

美國專利商標局　6, 13, 14, 15, 16, 22, 23, 29, 32, 33, 41, 42, 43, 47, 48, 49, 56, 63, 66, 67, 68, 70, 77, 78, 79, 83, 86, 87, 91, 98, 99, 100, 102, 116, 120, 124, 126, 129

美國索賠法院　21

美國國際貿易委員會　21, 22

美國專利季刊　23

美國專利公報　86

美國縮影協會　67

美國國家標準協會　67

重複申請專利　39, 56

重新發行案　69

十劃
紀錄保持　145

十一劃
專利法　2, 4, 5, 13, 14, 18, 22, 31,
　　33, 35, 40, 41, 42, 43, 44, 48, 51,
　　57, 58, 91, 107, 108, 120, 183,
　　185, 187, 255
專利條款　2, 30, 134
專利合作條約　4, 31, 32, 33, 34,
　　49, 50
專利　2, 3, 4, 5, 6, 8, 12, 13, 14,
　　15, 16, 17, 18, 19, 20, 21, 22, 23,
　　24, 28, 29, 30, 31, 32, 33, 34, 35,
　　36, 37, 40, 41, 42, 43, 44, 45, 46,
　　47, 48, 49, 50, 51, 52, 53, 54, 55,
　　56, 57, 58, 59, 61, 62, 63, 64, 65,
　　66, 67, 68, 69, 70, 71, 72, 73, 74,
　　75, 76, 77, 78, 79, 80, 81, 82, 1,
　　37, 1, 39, 59, 39, 61, 83, 82, 83,
　　84, 85, 86, 87, 88, 89, 90, 91, 92,
　　93, 94, 95, 96, 97, 98, 99, 100,
　　101, 102, 103, 104, 105, 107,
　　108, 109, 110, 111, 112, 114, 115,
　　116, 117, 118, 119, 120, 122,
　　123, 124, 126, 129, 131, 132,
　　134, 135, 136, 137, 138, 139,
　　140, 141, 142, 143, 144, 145,
　　146, 147, 148, 149, 150, 152,
　　153, 154, 155, 156, 157, 160,
　　161, 173, 174, 176, 177, 178,
　　179, 180, 181, 182, 183, 184,
　　185, 186, 187, 188, 215, 216,
　　217, 218, 219, 220, 230, 231,
　　232, 233, 238, 242, 244, 247,
　　248, 253, 255, 256, 257, 258, 260
專利性　3, 4, 15, 29, 32, 33, 34,
　　35, 39, 40, 42, 44, 52, 53, 54, 62,
　　65, 69, 72, 73, 75, 79, 39, 76, 85,
　　86, 87, 89, 90, 95, 98, 99, 101,
　　102, 103, 104
專利編號　61, 68, 86, 96, 242, 248
專利圖樣　61, 70
專利範圍之前言　61, 72
專利範圍之轉折詞　61, 73
專利範圍之主體　61, 74
專利範圍之形式　61, 74
專利複審法　85, 97
專利審查人員的答覆　92
專利的限制開發　62, 111
專利的所有權　3, 21, 36, 51, 56,
　　62, 71, 79, 87, 99, 101, 103, 104,
　　112, 219, 220
專有名詞　115, 128, 129
商業機密　2, 4, 5, 12, 21, 43, 62,
　　104, 105, 106, 107, 108, 110, 114
商標　2, 4, 5, 6, 13, 14, 15, 16, 21,
　　22, 23, 27, 29, 31, 32, 33, 41, 42,
　　43, 47, 48, 49, 56, 59, 63, 66, 67,
　　68, 70, 77, 78, 79, 80, 81, 82, 83,
　　84, 85, 86, 87, 91, 92, 93, 98,
　　99, 100, 102, 106, 115, 116, 117,
　　120, 124, 125, 126, 127, 128,
　　129, 130, 137, 150, 152, 154,
　　159, 186, 256
商標和服務標記　5, 13, 15, 130
商業考量　62, 104
動植物健康檢驗局　2
設計專利　5, 15, 20, 28, 48
國際專利條約　31

國際申請　32, 49
啓用規定　64
部分延續案　69
國家衛生研究院　66
國內稅收法　119

十二劃
著作權　4, 5, 6, 9, 10, 11, 12, 20, 21, 22, 23, 25, 27, 43, 107
植物專利法　13, 14
植物品種保護法　14
替代性糾紛解決　23
發明人證書　39, 48, 59
發明優先專利制度　50
發明權　39, 56, 57, 113
最佳模式　30, 61, 64, 70

十三劃
現有技術　3, 4, 29, 31, 36, 40, 44, 45, 46, 48, 49, 50, 51, 52, 53, 54, 55, 62, 66, 71, 72, 74, 75, 76, 77, 79, 81, 82, 87, 88, 89, 90, 92, 97, 98, 99, 102, 103, 104, 105, 110, 116
新穎性　3, 29, 35, 39, 40, 44, 45, 50, 51
電腦程式　7, 9, 10, 35, 43, 106, 250, 254
劃分案　69
新的審判　93

十四劃
複審訴訟　62, 99, 100, 101, 102, 103, 104

十五劃
歐洲專利　4, 32, 34, 35, 36, 66, 96, 118, 242
歐洲專利公約　4, 34, 35, 36
歐盟專利制度　36
歐洲經濟共同體　36
實用性　35, 39, 40, 41, 42, 68
熟練技術　51
審查專利說明書　89

十六劃
聯合發明人　57
聯邦科技移轉法案　115, 121, 123
聯邦註冊商標　13

十七劃
縮微膠片　45, 67
縮微膠片副件
檢索　12, 32, 63, 89, 90, 115, 116, 117, 118, 115, 118, 116, 138, 143, 144, 147, 189, 196, 204, 228
檢索組織　115, 118

二十一劃
蘭哈姆法　22

國家圖書館出版品預行編目資料

網通科技專利導論／張適宇等著. －－初版.
－－臺北市：五南, 2012.02
　面；　公分
ISBN 978-957-11-6472-4 (平裝)
1.專利法規　2.電腦網路　3.通訊網路
440.6　　　　　　　　　　　100020443

5DD9

網通科技專利導論
Wireless Transmission and Networks
Technologies and Their Patent Issue

作　　者 ― 張適宇　陳奕廷　汪岱錡　林傳維

發 行 人 ― 楊榮川

總 編 輯 ― 龐君豪

主　　編 ― 穆文娟

責任編輯 ― 楊景涵

出 版 者 ― 五南圖書出版股份有限公司

地　　址：106台北市大安區和平東路二段339號4樓

電　　話：(02)2705-5066　　傳　　真：(02)2706-6100

網　　址：http://www.wunan.com.tw

電子郵件：wunan@wunan.com.tw

劃撥帳號：01068953

戶　　名：五南圖書出版股份有限公司

台中市駐區辦公室/台中市中區中山路6號

電　　話：(04)2223-0891　　傳　　真：(04)2223-3549

高雄市駐區辦公室/高雄市新興區中山一路290號

電　　話：(07)2358-702　　傳　　真：(07)2350-236

法律顧問　元貞聯合法律事務所　張澤平律師

出版日期　2012年2月初版一刷

定　　價　新臺幣450元